高等院校纺织服装类"十四五"部委级规划教材

旋转体立体织物纺织成形技术及装备

孙志宏　邵国为　编　著

东华大学出版社
·上海·

"纺织之光"中国纺织工业联合会高等教育教学改革研究项目

内 容 提 要

旋转体立体织物指具有轴对称结构的实心或空心的立体织物,在航空航天、交通运输、机械工程、体育健身等领域有着广泛的应用。本书介绍了立体织物概况、圆织法生产管状立体织物的原理及装备、编织法生产管状立体织物的原理及装备、针织工艺生产立体织物的原理以及立体织物的其他成形方法。本书可以作为大中专学校纺织工程专业、机械工程专业的教材,也可以作为科研院所和企业从事立体织造技术研究的科研人员和工程技术人员的参考资料。

图书在版编目(CIP)数据

旋转体立体织物纺织成形技术及装备/孙志宏,邵国为编著. —上海:东华大学出版社,2022.12
　　ISBN 978-7-5669-2148-2

Ⅰ.①旋… Ⅱ.①孙… ②邵… Ⅲ.①全成形针织物 Ⅳ.①TS186.3

中国版本图书馆 CIP 数据核字(2022)第 220524 号

责任编辑:吴川灵
封面设计:雅　风

旋转体立体织物纺织成形技术及装备
XUANZHUANTI LITI ZHIWU FANGZHI CHENGXING JISHU JI ZHUANGBEI

出　　　　版:东华大学出版社(上海市延安西路 1882 号,200051)
出版社网址:http://dhupress.dhu.edu.cn
天猫旗舰店:http://dhdx.tmall.com
营 销 中 心:021-62193056　62373056　62379558
印　　　　刷:上海颛辉印刷厂有限公司
开　　　　本:787 mm×1092 mm　　1/16
印　　　　张:8
字　　　　数:224 千字
版　　　　次:2022 年 12 月第 1 版
印　　　　次:2022 年 12 月第 1 次印刷
书　　　　号:ISBN 978-7-5669-2148-2
定　　　　价:48.00 元

本书如有印刷、装订等质量问题,请与出版社营销中心联系调换,电话:021-62373056

前言

立体织物是具有三维空间造型的纺织物。立体织物的成形方法可分为机织法（weaving）、针织法（knitting）、编织法（braiding）和非织造法（non-woven）。旋转体立体织物是指具有轴对称结构的实心或空心的立体织物，可以是横截面的形状和尺寸沿轴向保持不变的等径织物，也可以是连续变化的锥形织物或具有突变的阶梯状立体织物，也包括具有多分支结构的织物。以旋转体立体织物作为增强结构的纺织复合材料具有广泛的应用价值，在航空航天、交通运输、体育健身、机械工程等领域存在大量的旋转体零部件，它们的使用起到了减轻重量、节省能源、延长寿命的作用。而且，直接通过纺织工艺生产这些零部件的预制体，减少了后续的机械加工工艺，不仅节省成本，更重要的是避免了对增强纤维材料的二次加工，从而保证了复合材料性能的充分发挥。

本书共有五章，第一章是立体织物的概述，介绍纺织复合材料的特点及应用场合，以及目前存在的纺织复合材料预制体的生产方法，让读者对纺织复合材料有一个总体的、基本的了解。

第二章介绍基于圆织机生产管状立体织物的原理及装备。基于作者团队多年的科研成果，介绍立体圆织机的分类、管状立体织物的组织结构、单综单控的经纱开口原理、无碾压式引纬系统，以及变管径控制方法和经纱张力控制策略。

第三章介绍基于编织工艺生产立体织物的原理和装备。首先介绍旋转式编织机的种类、工作原理和特点，关键零部件。然后重点介绍运用maybole旋转式编织工艺生产立体编织物的关键技术，如锭子防干涉原理、变结构连续编织立体织物的纱线增减策略、锭子轨迹控制策略等。本章内容也是对作者团队多年研究成果的总结和提炼。

第四章是关于针织工艺生产立体织物的介绍，主要介绍国内外利用纬编工艺生产全成形立体针织物的研究成果，同时也简要介绍基于经编工艺生产多轴向经编立体织物、间隔织物的工艺和方法。

第五章简要介绍了采用其他工艺生产立体织物的工艺和方法。

本书所涉及的内容，有的来源于作者团队的科研成果及所指导的博士、硕士研究生的学位论文，也有来自国内外的文献资料。博士研究生徐昌，硕士研究生李栋梁、雷巧等为本书插图绘制做了大量工作，在此表示感谢。

本书可以作为大中专学校纺织工程专业、机械工程专业的教材，也可以作为科研院所和工厂企业致力于立体织造技术研究的科研工作者的参考资料。

由于作者水平有限，书中难免有欠妥之处，敬请读者批评指正。作者联系方式：东华大学机械工程学院，Email：zhsun@dhu.edu.cn。

本书第二章的研究在科技部科技支撑计划项目"碳纤维立体管状织造装备及技术研发"（2011BAF08B03）的支持下完成。

作者

2022 年 7 月

目录

前言

第一章 立体织物概述 ··· 001
  1.1 纺织复合材料的特点及应用 ··· 001
  1.2 纺织复合材料预制体的生产方法 ·· 001
  1.3 本书内容安排 ·· 002

第二章 圆织法生产管状立体织物的原理及装备 ································· 003
  2.1 圆织机的类型及工作原理 ··· 003
  2.2 管状立体织物 ·· 006
    2.2.1 管状立体织物的组织结构 ··· 006
    2.2.2 纬向垂纱法管状立体织物成形原理 ·································· 006
    2.2.3 经向垂纱法管状立体织物成形原理 ·································· 008
    2.2.4 纬向垂纱法与经向垂纱法的比较 ···································· 008
  2.3 立体圆织机的开口形式 ··· 008
    2.3.1 改进分线盘式开口 ··· 009
    2.3.2 凸轮与电磁组合式开口 ··· 010
    2.3.3 压块与电磁组合式开口 ··· 012
  2.4 立体圆织机的无碾引纬 ··· 015
    2.4.1 无碾导梭系统 ·· 016
    2.4.2 推梭方式 ·· 017
  2.5 具有实时变径功能的尺码环 ·· 018
    2.5.1 变径控制系统构成 ··· 018
    2.5.2 凸轮廓线的设计 ··· 018
  2.6 经纱运动控制策略 ·· 021
    2.6.1 管状立体织物的组织分解——基相生成法 ························· 022
    2.6.2 基相的矩阵表达 ··· 022
    2.6.3 全相的矩阵表达 ··· 024
    2.6.4 管状立体织物织造数据的自动生成系统设计 ······················ 027
    2.6.5 变径管状织物织造控制算法的研究 ·································· 030

本章附录 ·· 034

附录A　管状立体织物织造数据自动生成程序代码 …………………………… 034
附录B　管状立体织物织造数据自动生成系统的界面程序代码 ………………… 040
附录C　管状立体织物变径与恒纬密控制算法程序代码 ………………………… 042
本章参考文献 …………………………………………………………………………… 043

第三章　编织法生产管状立体织物的原理及装备 ……………………………… 044

3.1　编织机的分类 ……………………………………………………………………… 045
　　3.1.1　按编织模块与牵引模块的空间位置分类 ………………………………… 045
　　3.1.2　按携纱器的运行轨迹分类 ………………………………………………… 046
　　3.1.3　按携纱器的驱动形式分类 ………………………………………………… 048
　　3.1.4　按携纱器运行轨迹的变化情况分类 ……………………………………… 051
3.2　旋转式编织原理简介 ……………………………………………………………… 053
3.3　编织机的关键零部件 ……………………………………………………………… 053
　　3.3.1　携纱器 ……………………………………………………………………… 053
　　3.3.2　叶轮 ………………………………………………………………………… 059
　　3.3.3　轨道面板 …………………………………………………………………… 059
3.4　纱管的制动装置 …………………………………………………………………… 069
3.5　织物的牵引装置 …………………………………………………………………… 071
3.6　携纱器的排布规律及干涉问题 …………………………………………………… 073
　　3.6.1　常见的排布规律 …………………………………………………………… 073
　　3.6.2　携纱器的干涉问题 ………………………………………………………… 074
3.7　旋转体立体织物编织工艺 ………………………………………………………… 084
　　3.7.1　圆形三维编织机 …………………………………………………………… 084
　　3.7.2　笛卡尔三维编织 …………………………………………………………… 085
　　3.7.3　阵列式三维编织 …………………………………………………………… 086
3.8　变结构三维连续编织预制件的实现 ……………………………………………… 095
　　3.8.1　基于轨道变换法的纱线编织规律分析 …………………………………… 096
　　3.8.2　轨道变换过程中的纱线数量加/减规律分析 ……………………………… 097
　　3.8.3　矩形-圆形-矩形截面三维立体编织工艺分析 …………………………… 097
　　3.8.4　变结构三维编织纱线路径拟合及预制件实现 …………………………… 098
本章参考文献 …………………………………………………………………………… 101

第四章　针织工艺生产立体织物的原理 ……………………………………………… 103

4.1　针织工艺简介 ……………………………………………………………………… 103
　　4.1.1　纬编 ………………………………………………………………………… 103
　　4.1.2　经编 ………………………………………………………………………… 103
4.2　纬编立体织物 ……………………………………………………………………… 104

4.2.1　横机生产立体织物的关键技术 …………………………………… 104
　　4.2.2　基于横机的三维全成形编织原理 …………………………………… 105
　　4.2.3　三维全成形针织物举例 …………………………………… 107
　　4.2.4　基于横机的三维叠层针织物编织 …………………………………… 109
4.3　经编立体织物 …………………………………… 112
　　4.3.1　多轴向经编立体织物 …………………………………… 112
　　4.3.2　经编间隔织物 …………………………………… 114
本章参考文献 …………………………………… 116

第五章　立体织物的其他成形方法简介 …………………………………… 117

5.1　多轴向非织造立体织物 …………………………………… 117
5.2　全自动织造（Auto weave） …………………………………… 118
5.3　管状五轴向立体织物 …………………………………… 119
本章参考文献 …………………………………… 120

第一章
立体织物概述

1.1 纺织复合材料的特点及应用

复合材料是指由两种或两种以上不同物质以不同方式组合而成的材料,它可以发挥各种材料的优点,克服单一材料的缺陷,扩大材料的应用范围。由于纺织复合材料具有重量轻、强度高、加工成形方便、弹性优良、耐化学腐蚀和耐候性好等特点,已逐步取代木材及金属合金,广泛应用于航空航天、汽车、化工、纺织、机械、电气电子、建筑、运动器材等领域,它在近几年更是得到了飞速发展。

在航空航天领域,由于复合材料热稳定性好,比强度、比刚度高,可用于制造飞机机翼和前机身、卫星天线及其支撑结构、太阳能电池翼和外壳、大型运载火箭的壳体、发动机壳体、火箭的喉管及尾管、航天飞机结构件等。

在汽车工业领域,由于复合材料具有特殊的振动阻尼特性,可减振和降低噪声,抗疲劳性能好,损伤后易修理,便于整体成形,故可用于制造汽车车身、受力构件、传动轴、发动机架及其内部构件。

在化工、纺织和机械制造领域,碳纤维与树脂基体复合而成的材料耐腐蚀、质量轻,可用于制造化工设备、纺织机械、造纸机、复印机、高速机床、精密仪器等设备上的零部件。

在医疗机械领域,碳纤维复合材料具有优异的力学性能和不吸收X射线特性,可用于制造医用X光机和矫形支架等。碳纤维复合材料还具有生物组织相容性和血液相容性、生物环境下稳定性好等特点,也用作生物医学材料。

此外,复合材料还用于制造体育运动器件和用作建筑材料等。

1.2 纺织复合材料预制体的生产方法

纺织复合材料的力学性能主要取决于纺织方法生产的预制体,包括预制体的结构和尺寸、纤维排列走向、纤维伸直程度及纤维密度等。如果通过纺织方法生产出的预制体结构和尺寸接近于最终零件的形状和尺寸,则可以避免最后的机加工工艺,减少甚至避免对纤维的损坏,从而最大程度地发挥增强纤维的力学性能。高强、高模纤维一般都具有拉伸强度高,而抗剪切、抗弯曲、耐磨性能较差的特点,因此在织物组织结构设计、生产工艺选择时应科学考虑。

纺织复合材料中采用的预制体分为二维(2-D)、二维半(2.5-D)和三维(3-D)结构。二维织物一般使用传统的织造设备就可以生成,生产成本低、效率高,但不同工艺生产的织物,组织结构差别很大。目前常用的方法有机织法、针织法和编织法。二维机织物中经纱和纬纱相互垂直(正交)交织,除了在交织点处纤维有轻微的弯曲之外,其他地方都近似是伸直状态。但机织物的弹性较低。二维针织物则是纱线形成线圈并相互嵌套,由于线圈能够改变形状和大小,所以针织物具有较大的延伸性;在外力去除后,针织物又具有恢复原来尺寸的能力,因此弹性好。正是因为这种特点,针织物做成预制体后,如果密度不是很高的情况下,其形状保持能力很低。而且又因为线圈结构不可避免地对纤维产生较大的弯曲应力,做成复合材料后,这种预先施加的弯曲应力也会降低材料的力学性能。二维编织物上的编织纱是非正交交织,通常是两个或三个方向的编织纱,而且不存在线圈结构,性能与机织物接近(图1-1)。基于二维织物生成的预制体大都采用层叠方法使其在垂直于织物的方向形成厚度,所获得的复合材料在厚度方向的力学性能较差,这是由于材料厚度方向只是依靠基体树脂进行连接而无增强纤维进行加强,因此在载荷的反复作用下层与层之间会产生剥离,导致材料产生分层破坏而失效。受此影响,二维成形法无法获得能承受较高厚度方向载荷或层间剪切载荷的材料结构。

(a) 机织物　　　　(b) 针织物　　　　(c) 编织物

图 1-1　三种织物的组织结构

　　纺织预制体三维成形方法是基于二维纺织方法衍生出的立体织物成形新工艺,其基本原理是纤维在两个以上维度中进行纺织成形,最终获得具有一定厚度,且厚度方向上有纤维连接的三维组织。三维成形方法所获得的立体织物与传统二维成形的复合材料构件相比,最大特点就是厚度至少是所使用的纤维或纤维束直径的三倍或以上,而且是一个不分层的整体结构,即在厚度方向必然有纤维或纤维束参与交织成形。由于织物在厚度方向引入了增强纤维,因此能使复合材料构件力学性能更加完善,特别是厚度方向上的性能比起基于二维织物的复合材料的性能具有明显的优越性。

　　从传统的机织、编织、针织等纺织工艺衍生而来的三维机织、三维编织、三维针织方法是主要三维立体织物成形方法,除此以外,三维成形方法还包括全自动织造、Z向销钉强化法等。

1.3　本书内容安排

　　全书共有五章,第一章是概述,介绍纺织复合材料的特点及应用,纺织复合材料预制体的种类和生产方法;第二章介绍机织管状立体织物的生产工艺和生产设备,主要围绕作者团队研发的立体圆织机讲解机织法生产立体管状织物的原理、关键技术以及立体圆织机的组成;第三章介绍旋转式编织工艺、原理、编织机关键零部件,以及编织中锭子排布规律的设计和锭子防干涉理论;第四章介绍针织法生产立体织物的工艺原理和关键技术,包括纬编法和经编法;第五章介绍几种旋转体立体织物的其他生产原理和方法。

第二章
圆织法生产管状立体织物的原理及装备

2.1 圆织机的类型及工作原理

圆织机主要是通过经纬交织的方法生产管状织物。圆织法面内成形原理与常见的平幅机织方法(简称平织法)类似,都是由经纱和纬纱交织构成织物。不同点在于,平织法的经纱是水平排列成一平面,而圆织法的经纱是沿轴向呈圆周排列成圆柱面;另外,平织法的引纬运动是往复直线运动,每次引入一根纬纱;而圆织法的纬纱则是沿圆周方向连续引入织口,且同一时刻引纬数可达4~8组(取决于机器配置的梭子数量),故圆织法的生产效率较高,织造速度一般在40 m/h以上,甚至可达130 m/h。图2-1为平织法与圆织法织物面内组织示意图。

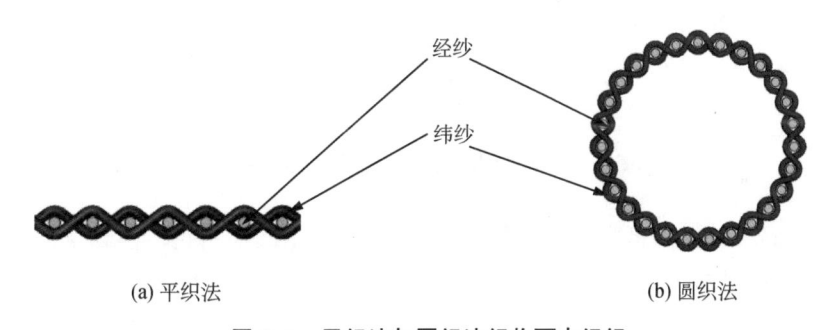

(a) 平织法　　(b) 圆织法

图2-1　平织法与圆织法织物面内组织

根据实现经纱开口的方式不同,普通圆织机分为凸轮开口圆织机和分线盘开口圆织机。凸轮式圆织机主要用于土工纺织品的生产,包括无缝编织袋、土工布等;分线盘式圆织机则主要用于消防水带及水管的生产,织物密度高。

1. 凸轮开口式圆织机

根据凸轮形状的不同,凸轮开口式圆织机分为端面圆柱凸轮圆织机和槽道圆柱凸轮圆织机(图2-2),它们的工作原理基本相同,都是利用圆柱凸轮上的廓线推动从动件运动,进而控制综杆和经纱运动。槽道凸轮机构中,从动件上的小滚子嵌在凸轮槽道之内,整个运动环节始终受凸轮沟槽的控制,运动精确性好。

图2-3为槽道圆柱凸轮式圆织机的开口引纬原理示意图。外部动力由中轴输入,并带动固结在中轴上的开口凸轮转动,凸轮上有2组廓线凹槽,分别嵌有两组滑块,每根综杆下端与一个滑块相连,且在凸轮旋转时在廓线的推动下运动,从而带动经纱运动;同时,中轴还带动推梭器推动梭子从织口中穿过,形成交织。

(a) 端面圆柱凸轮　　(b) 槽道圆柱凸轮

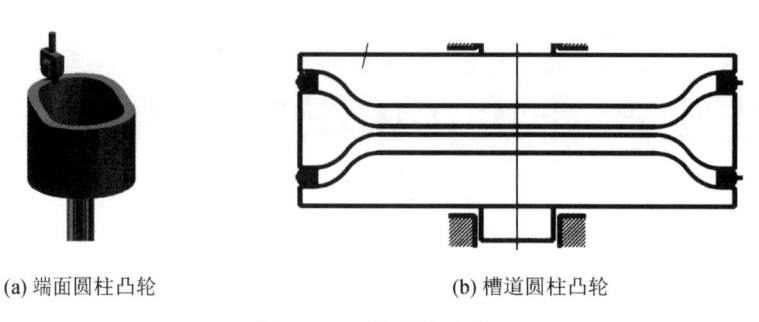

图 2-2　两种凸轮形式

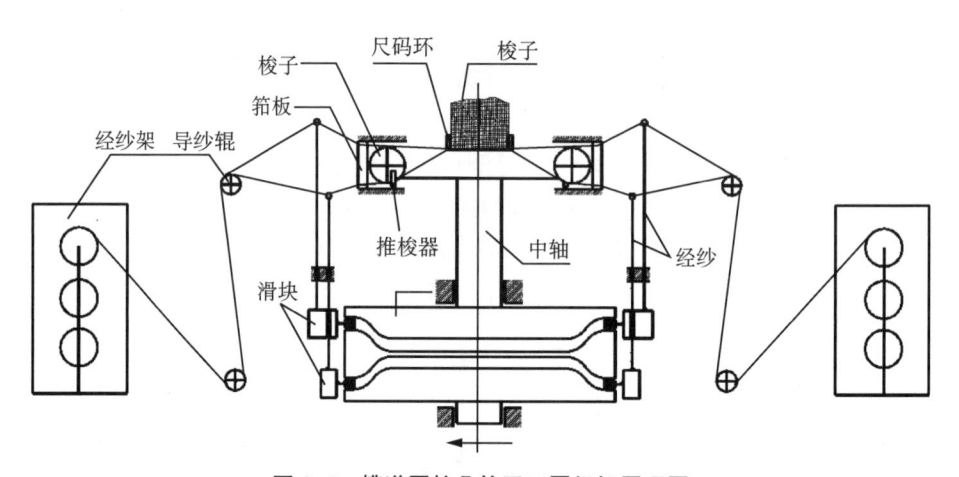

图 2-3　槽道圆柱凸轮开口圆织机原理图

为了减小凸轮尺寸，降低机器的能耗，现在多采用槽道圆柱凸轮与摆动从动件配合的凸轮开口形式，原理如图 2-4 所示。在凸轮 1 与综杆 4 之间增加一根摆动杆 2，摆动杆一端的小滚子 5 与凸轮接触，另一端与柔性吊综带 3 相连，吊综带上挂有综丝，每根经纱穿过一根综丝上的综眼。摆杆在 O 点与机架铰接。为了保证经纱的开口高度，摆杆 2 被 O 点分隔的两端长度 $l_{OB} > l_{OA}$，具体比例等于凸轮从动件的动程 h 与经纱开口高度 H 之比，即 $(l_{OB}/l_{OA} = H/h)$。为了使摆杆 2 在往复摆动过程中始终受到凸轮廓线的控制，常在凸轮廓线两侧设计两个滚子 5 和 $5'$，这两个滚子都铰接在摆杆 2 上，并骑跨于凸轮廓线上，从而保证始终在廓线的驱使下运动。

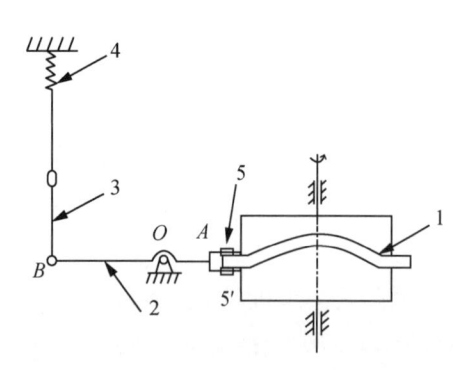

图 2-4　摆动从动件凸轮开口形式

2. 分线盘开口圆织机

分线盘开口圆织机的引纬机构与凸轮开口圆织机基本相同，都是利用推梭机构推动梭子在轨道内作圆周运动并完成引纬；不同的是这种圆织机不再采用凸轮控制经纱开口，而是使用一种名为"分线盘"的构件控制经纱的开口运动（图 2-5）。

(a) 俯视图　　　　　　　　　(b) 工作中的分线盘

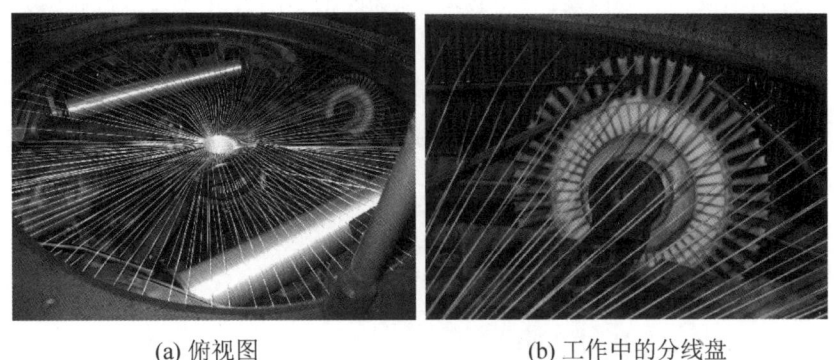

图 2-5　分线盘式圆织机

图 2-6 为分线盘式圆织机原理图，经纱从经纱架引出，经过箱板后间隔地由分线盘分开形成梭口，随后梭子在推梭器的推动下从梭口中经过，引入纬纱。下次分线盘经过时，再次将经纱分开，只是每根经纱的上下位置与上一次互换，从而将前面引入的纬纱固定住。织好的管状织物从主机中央向下引出。

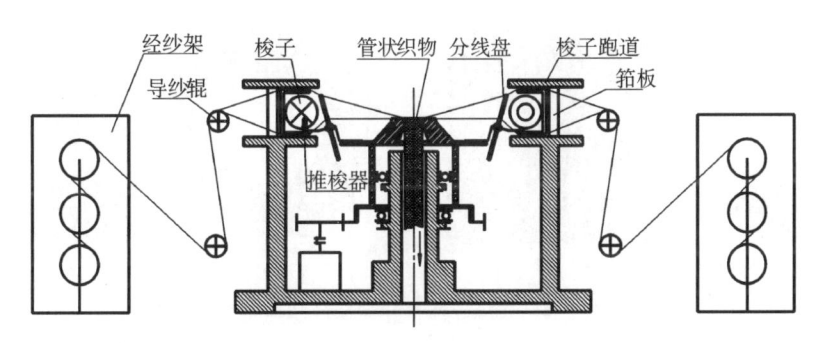

图 2-6　分线盘式圆织机原理图

图 2-7 为分线盘工作原理图。导纱板与分线盘均安装于梭子前方，并与梭子一起绕织机的中心轴同步旋转，同时，分线盘绕自身轴线也存在一个旋转运动，以完成选纱动作。

圆织机工作时，位于分线盘前方的导纱板首先从所有的经纱下方穿入，将经纱托举到分线盘上方随后释放。分线盘上开有两种槽口（图 2-8），一种槽口开口较浅，基本处于分线盘

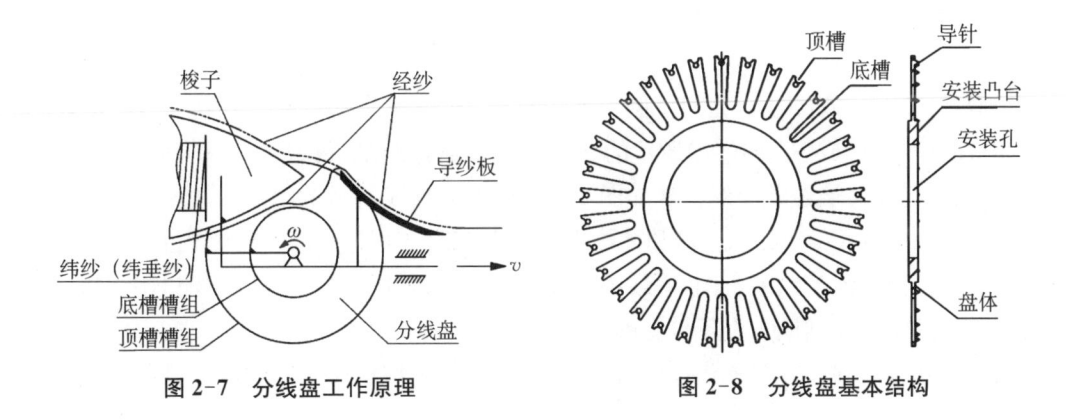

图 2-7　分线盘工作原理　　　　　图 2-8　分线盘基本结构

大径的顶端,称为顶槽;另一种槽口开口较深,称为底槽。随着分线盘的旋转,被导纱板托起的经纱一部分落入分线盘的顶槽中,而另一部分落入底槽中,形成一定的高度差——梭口,便于梭子挤入。分线盘圆织机使用的梭子前端安装有梭剑,随着梭子的前进,梭剑的剑尖从挂在分线盘上顶槽和底槽之间的经纱间隙中穿过,并逐渐将该间隙扩大至整个梭子的宽度,以使梭子携纬纱顺利通过,完成一次引纬。

2.2 管状立体织物

2.2.1 管状立体织物的组织结构

在管状立体织物中,经纱和纬纱的走向分别沿轴向和圆周方向,垂纱的走向沿径向,用于将每层织物绑定起来。由于垂纱也需要连续不断地送到织物组织中,因而织造过程中垂纱分别可以以纬纱方式由引纬机构引入,或以经纱方式由开口机构引入。图 2-9 是这两种方法所形成的管状立体织物的组织形态,这两种垂纱供应方法分别称作纬向垂纱法和经向垂纱法。

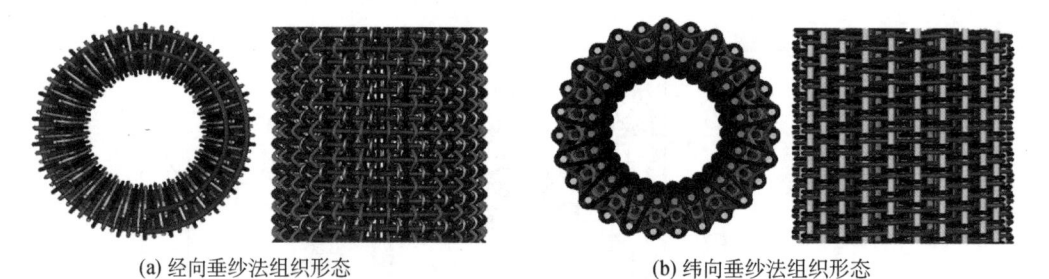

(a) 经向垂纱法组织形态　　(b) 纬向垂纱法组织形态

图 2-9　两种立体管状织物的组织形态

2.2.2 纬向垂纱法管状立体织物成形原理

纬向垂纱法中,垂纱的引入方式同纬纱,通过控制经纱的开口规律实现垂纱在各层织物间的联接捆绑,而不需要专门设计垂纱引入机构,从而大大降低了机构的复杂程度。

纬向垂纱法的基本原理如图 2-10 所示,图中所示为管状织物组织沿径向剖切并局部展开的效果,其组织由三组经纱、三组纬纱和一组垂纱构成,即组织厚度约为 3 个经纱直径单位。

织造开始前,所有经纱皆在同一圆柱面内排布,并按规律开口,引纬器将三组纬纱依次引入相应的织口,形成图 2-10(a)所示的交织。需要强调的是,每根纬纱只与所对应的经纱层交织,而不与其他层经纱交织。例如图 2-10(a)中点划线所示的纬纱 1,只与经纱组 1(符号 O)交织;而纬纱组 2(双点划线)和纬纱组 3(虚线)都只从纬纱 1 的下方经过,并不与其发生任何交织。但垂纱与纬纱不同,垂纱(实线所示)是从每 3 根经纱一组的织口中引入,其作用是将各层的织物连结成一个不可分的整体。

由于引纬器沿圆周方向连续运动,且纬纱的一端在圆织机中心的织物上,因此在纱线张力的作用下，纬纱会自然向圆心收紧。又因为各层经纱都不与其他层的纬纱交织，所以纬纱在收紧的同时带动各层经纱相互分离，并趋向于厚度（即径向）方向移位，如图 2-10(b)所示。而垂纱仍然将各层之间进行连结，再进一步收紧，最终形成具有一定厚度的三维立体纺织结构，如图 2-10(c)所示。

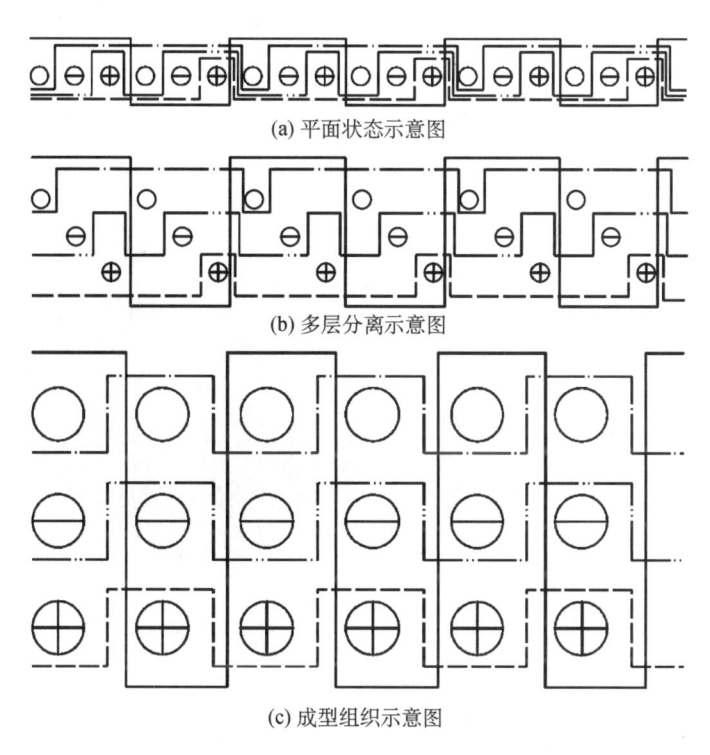

(a) 平面状态示意图

(b) 多层分离示意图

(c) 成型组织示意图

图例说： ○ 经纱组　⊖ 经纱组　⊕ 经纱组　—·—纬纱1　——纬纱2　----纬纱3　——垂纱

图 2-10　三维圆织纬向垂纱法成型原理示意图（三层经纱单位厚度）

图 2-11 为上述案例对应的管状织物 3×27（3 组纬纱，每层 27 组经纱，1 组垂纱）沿其径向剖切管状组织示意图及三维模型效果图。

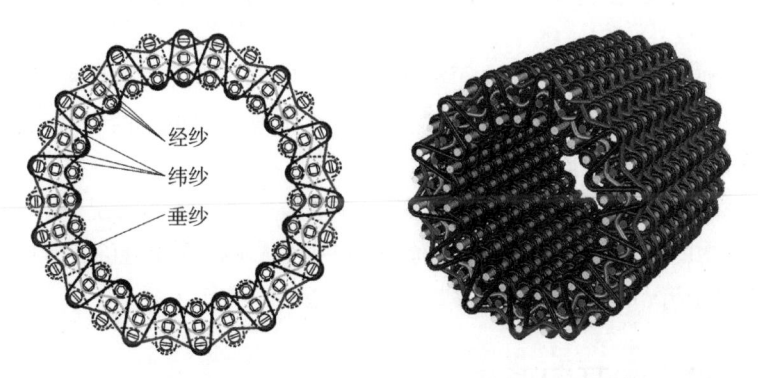

图 2-11　纬向垂纱法径向剖切管状组织示意图及三维模型效果图

2.2.3 经向垂纱法管状立体织物成形原理

经向垂纱法的每一层织物的成形原理与纬向垂纱法类似，不同的是，垂纱不像纬纱那样利用引纬器引入织物，而是利用一部分经纱作为垂纱（也称为经垂纱）。在正常的经纱形成开口并与对应层的纬纱交织后，经垂纱在多层之间进行交织从而形成立体织物。经向垂纱法的优点是，垂纱可像经纱一样连续供给，而不需要经常换梭（如纬向垂纱）。但在成形过程中，垂纱也需要像经纱一样进行开口控制，而且需要的垂纱数量比纬垂法多许多。

图 2-12 为经向垂纱法沿织物轴向剖切的两层管状立体织物结构示意图及三维模型效果图。

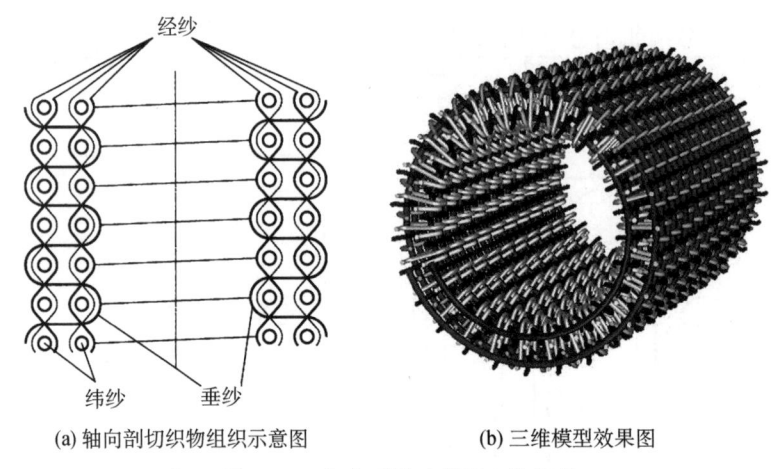

(a) 轴向剖切织物组织示意图　　(b) 三维模型效果图

图 2-12　经向垂纱法管状立体织物

2.2.4 纬向垂纱法与经向垂纱法的比较

如前所述，纬向垂纱法和经向垂纱法的主要区别是垂纱的引入方式不同。

纬向垂纱法中，垂纱由引纬器呈螺旋状连续引入，因此一般只使用一根垂纱便可将组织连接成形。对于织造设备而言，其拥有的引纬器数目一定程度上也决定了该设备能够织造的立体织物的最多层数，在引纬器数目一定的时候，每增加一根纬垂纱将使设备的最大织造层数减一。

经向垂纱法则不存上述问题。但在织造过程中为了使织物连接紧密，需要选用较多经纱作为经垂纱使用，因此若希望获得同样直径的组织则要采用更多的经纱，相应的送经组件增多，门环加大，设备变得更加庞大。

两种成形方法各有其优缺点，在经纱总数、引纬器总数一定的情况下，纬向垂纱法的垂纱数量会影响织物的厚度，经向垂纱法的垂纱数量则会影响织物的直径，所以在组织设计时应根据设备的实际情况选取合适的方案。

2.3　立体圆织机的开口形式

生产管状立体织物的立体圆织机与普通圆织机最大的不同是开口机构和引纬机构。其中,开口机构既不能像平织机那样,同一组经纱用一片综框控制其同时上下运动,也不能像普通圆织机那样,完全依靠凸轮控制经纱的运动。因为在立体圆织机上,沿圆周方向同时开有多个梭口,每个梭口对应的引纬器只和所在层的经纱交织,而纬向垂纱的引纬器则要同时和所有层的经纱交织,所以设备上必须要实现每根经纱单独控制的功能。

为了实现对每根经纱运动规律的单独控制,必须综合利用机械、电磁、计算机控制技术,即运用计算机程序控制机构与电磁选针器之间的合理配合,才能完成经纱的开口运动。立体圆织机的开口形式可有四种选择:改进分线盘式开口形式、凸轮与电磁组合式开口、压块与电磁组合式开口和电子提花式开口。

2.3.1 改进分线盘式开口

在分线盘圆织机中,实现经纱开口的关键部件是分线盘。普通分线盘的基本结构如图2-8所示,其中安装孔与安装凸台的作用是定位安装分线盘,顶槽和底槽是分线盘握持经纱并完成开口动作的关键结构,导针的作用是与圆织机的环形筘齿啮合,使分线盘产生自转,上方导针的线速度方向与梭子的运行方向相反。

常见普通分线盘的顶槽与底槽有一顶一底间隔配置和一顶二底间隔配置。在立体圆织机的开口运动中往往需要获得连续的底槽配置,为了实现这个要求,分线盘有下面两种设计方案。

1. 添加导针齿

导针齿是为了改良啮合性能而在分线盘上设计的不带顶槽的齿。导针齿的添加方法是在分线盘的每一个有效线槽(顶槽和底槽)后均增加一个导针齿(即总齿槽数增加一倍),而顶槽的齿上不再设置导针,这类分线盘命名为全导针齿分线盘。使用这类分线盘时,环形筘的总筘数也应增大一倍,经纱以穿一筘空一筘的方式穿过筘槽,并使不穿线的筘槽与导针齿啮合,从而保证纱线能正确地落入顶槽或底槽中,形成梭口。全导针齿分线盘通用性好,设计方便且不会对开口规律带来太大的影响,但会造成环形筘槽的使用率降低,使圆织机的最大织造口径减小。

除了上述形式外,导针齿也可以在分线盘啮合性能不佳的地方有选择地添加,这类分线盘叫做部分导针齿分线盘。这种分线盘能在一定程度上提高筘槽的使用率,但通用性一般,需要根据不同的织物组织进行专门设计,设计难度较大。

2. 顶槽插片

顶槽插片是设计在全导针齿分线盘上的一个可拆卸零件,插片顶端有线槽,两侧有安装槽。分线盘的导针齿两侧也设计有与该安装槽对应的卡口,使顶槽插片可被安装到分线盘上。图2-13为顶槽插片在分线盘上的安装示意图。

插片式全导针齿分线盘具有较好的通用性,其底槽是由两个导针齿的齿槽构成,当需要获得高位开口时,只需在所需要的位置插上顶槽插片,将底槽转变成顶槽即可。在立体圆织机中,每把梭子前面所配置的分线盘总齿槽数一般都是相同的,只是顶槽与底槽的配置不同,因此采用组装的插片式全导针齿分线盘能很好地降低加工成本,便于分线盘零件的重新设计及更换。

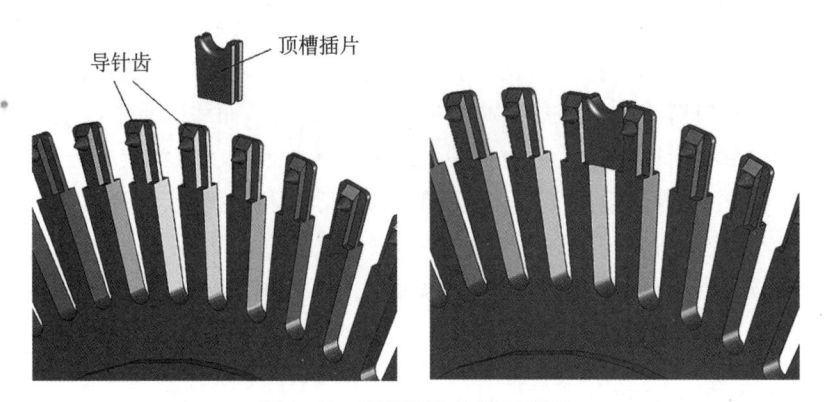

图 2-13　顶槽插片安装示意图

2.3.2 凸轮与电磁组合式开口

凸轮与电磁组合式开口形式是在原有凸轮式圆织机的基础上发展起来的。为了实现对每根经纱运动规律的精准控制,用电磁选针的方式对经纱进行选择和控制。根据电磁铁吸附综丝的方向,分顶吸式和侧吸式两种开口方式。

1. 电磁顶吸式

图 2-14 为电磁顶吸式开口机构示意图,由电磁铁 1、综丝 2、回综弹簧 3、推杆 4、沟槽凸轮 5 和滚子 6 组成。凸轮转动,带动推杆 4 作上升或下降运动。当推杆上升时,其推动综丝上升到最高位置,按圆周分布在综丝上方的电磁铁,根据织物组织的需要选择综丝是否停留在高位。

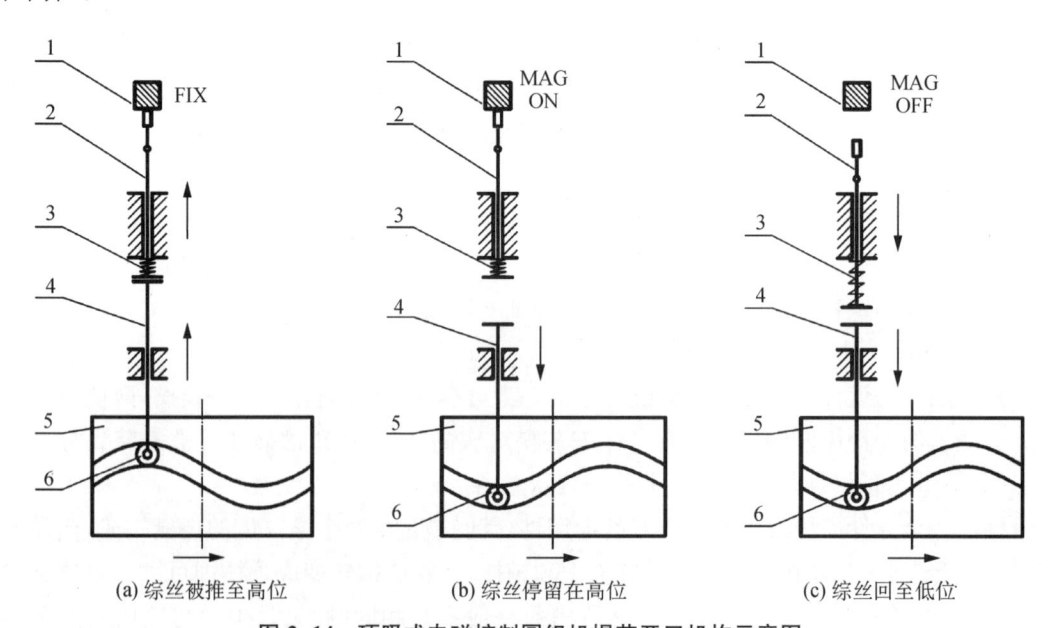

(a) 综丝被推至高位　　(b) 综丝停留在高位　　(c) 综丝回至低位

图 2-14　顶吸式电磁控制圆织机提花开口机构示意图

1—电磁铁;2—综丝;3—回综弹簧;4—推杆;5—沟槽凸轮;6—滚子

具体工作过程是：初始状态时，综丝都处于综平位置，随着凸轮的旋转，通过滚子及推杆将综丝推送至高位并与电磁铁接触，回综弹簧处于压缩状态（图 2-14a）。此时，若电磁铁得电，将吸住综丝头部，综丝将带动穿过该综丝上综眼的经纱保持在高位（图 2-14b）；若电磁铁不得电，则不限制综丝的下降运动。凸轮继续旋转之后，推杆下降至低位，综丝在重力及回综弹簧的共同作用下也下降至低位，带动其所控制的经纱回到低位（图 2-14c）。处于高位和低位的经纱便形成了供引纬器通过的梭口。处在高位的综丝所对应的电磁铁始终使经纱保持在高位，直至下一把引纬器到来之前，在凸轮的作用下推杆再次将综丝推到高位，电磁铁重新进行得电/断电状态转换。

图 2-15 为顶吸式电磁控制凸轮提综开口机构整体示意图。

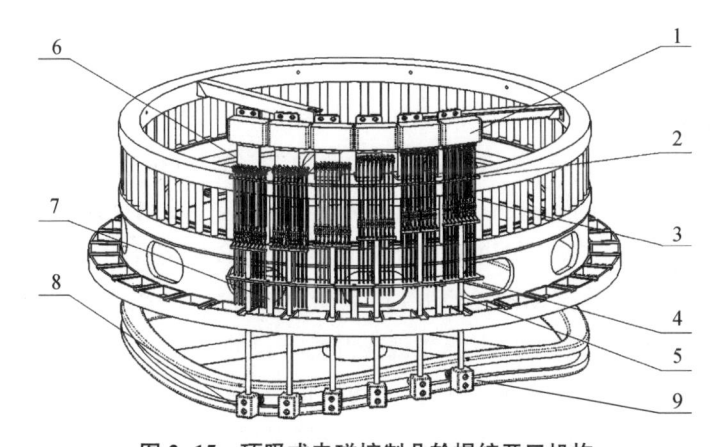

图 2-15 顶吸式电磁控制凸轮提综开口机构
1—电磁铁；2—上导板；3—综丝装配体；4—下导板；5—提刀装配体；6—角架；7—立柱；8—滑块；9—沟槽凸轮

2. 电磁侧吸式

与电磁顶吸式开口形式相同，电磁侧吸式开口机构也是利用凸轮推送综丝向上运动。不同的是，综丝顶部的侧面开有卡口，电磁铁的芯棒采用伸缩式。当综丝达到高位时，若需要控制经纱停留在高位，电磁铁的芯棒在弹簧力的作用下伸出并卡入综丝头部的卡口，综丝就不会回落；反之若不希望综丝停留在高位，电磁铁通电，芯棒被收回从而释放综丝，综丝在重力及回综弹簧的共同作用下降至低位。电磁侧吸式开口圆织机的结构如图 2-16 所示。

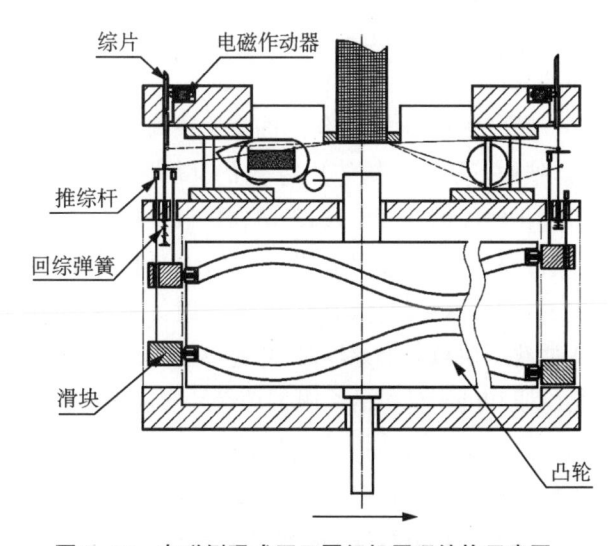

图 2-16 电磁侧吸式开口圆织机原理结构示意图

2.3.3　压块与电磁组合式开口

压块与电磁组合式开口是利用放置在圆织机顶部的压块（实际上也是一个凸轮）将综丝提拉至高位。在每把梭子前部都设置一个楔状压块，与推梭器同步沿一圆形轨道做圆周运动，综线被压块逐个压下而带动穿有经纱的综丝向上运动，然后电磁选综装置确定综丝的位置，最终形成供引纬器通过的梭口。图 2-17 为压块工作示意图。

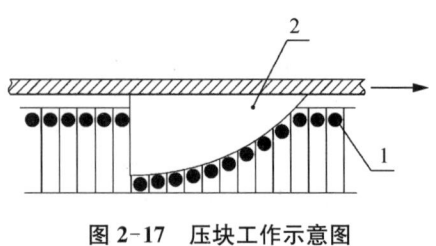

图 2-17　压块工作示意图
1—综丝；2—压块

根据电磁铁的工作模式，压块与电磁组合式开口形式中电磁控制方式有摆动式和往复移动式两种。

1. 摆动式电磁控制

图 2-18 为摆动式电磁控制开口原理图，由上综绳 1、曲线压块 2、定滑轮 3、电磁铁 4、挂钩复位弹簧 5、挂钩 6、片钩 A7、片钩 B8、动滑轮 9 和下综绳 10 构成。当电磁铁得电时，挂钩可以钩住从上位准备下降的片钩 A；当电磁铁失电时，挂钩不限制片钩 A 的下降运动。而上综绳通过定滑轮连接片钩 B，片钩 A 内侧的钩槽和片钩 B 相契合，片钩 A 外侧的钩槽和挂钩下端契合，片钩 A 下端连接动滑轮，动滑轮上悬挂下综绳，一端为 FIX 固定端，一端连接综眼。片钩 A 被拉升时，综眼通过下综绳被提升到开口的位置。

具体工作过程如下：图 2-18(a)为机构的初始状态，曲线压块即将压下上综绳，此时电磁铁不得电，挂钩复位弹簧处于自由状态，挂钩上端的金属块和电磁铁保持一定距离，挂钩下端的钩子和片钩 A 不接触。片钩 A 和片钩 B 咬合，综眼停留在低位。

随着曲线压块逐渐向前旋转（图 2-18(b)），将上综绳逐渐压下，上综绳通过定滑轮带动片钩 B 上升，与此同时，挂在片钩 B 上的片钩 A 连同动滑轮一起上升，同时综眼亦上升至高位。片钩 A 上端顶住挂钩上端金属块，使其克服弹簧力绕支点逆时针旋转，最终挂钩上端金属块靠近电磁铁。

若电磁铁得电，挂钩上的金属块与电磁铁吸合（图 2-18(c)），挂钩复位弹簧处于压缩状态，挂钩下端钩子钩住片钩 A 的外侧钩槽，此时，曲线压块已经释放上综绳，但片钩 A 和动滑轮仍然停留在高位，综眼留在梭口上层。片钩 B 在自重作用下恢复到低位，同时将上综绳拉直。若电磁铁不得电（图 2-18(d)），挂钩上端金属块受到挂钩复位弹簧的推力作用而和电磁铁分开，并使挂钩绕其支点顺时针旋转，挂钩下端钩子和片钩 A 的左侧钩槽脱开。因此当曲线压块离开上综绳时，片钩 A 和动滑轮随片钩 B 一起下降，综眼回到低位。处于高位的综眼和处于低位的综眼带动经纱形成梭口，供引纬器通过。

处在高位的片钩 A 将保持在高位，直至下一次在曲线滑块的作用下片钩 B 被提升，且电磁铁重新进行得电/断电状态转换。

通过上述方法控制电磁铁的通断电，可使综眼在开口执行装置的控制下停留在高位或低位，从而使穿在综眼里的经纱实现开口运动。

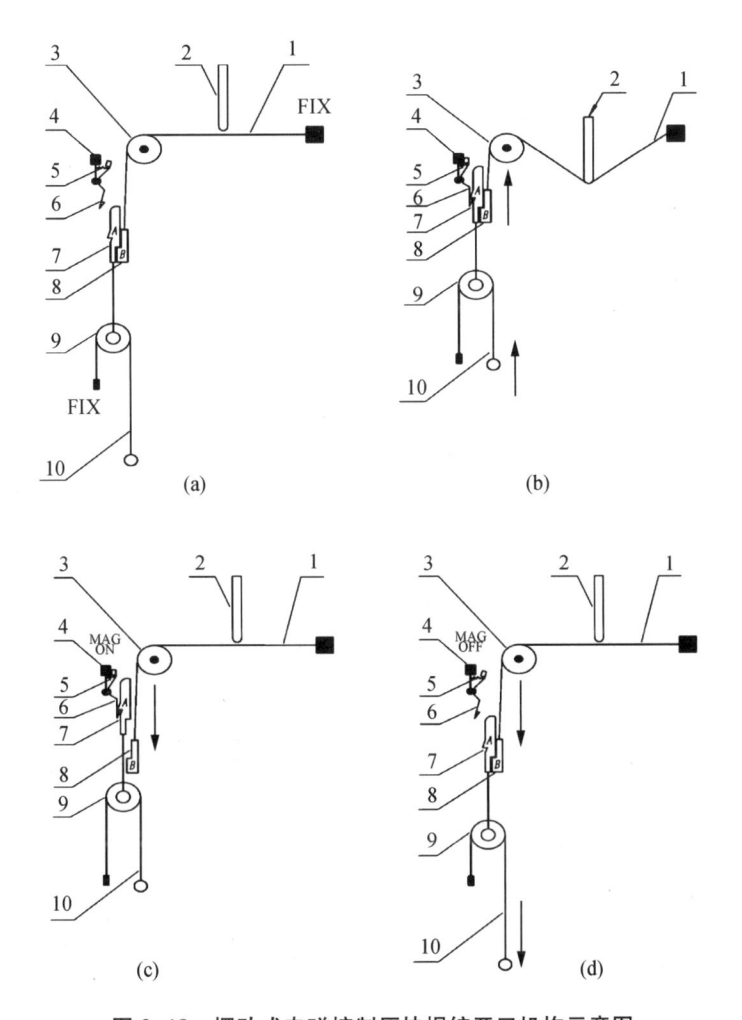

图 2-18 摆动式电磁控制压块提综开口机构示意图
1—上综绳；2—曲线压块；3—定滑轮；4—电磁铁；5—挂钩复位弹簧；6—挂钩；
7—片钩 A；8—片钩 B；9—动滑轮；10—下综绳

2. 往复移动式电磁控制

图 2-19 为往复移动式电磁控制提综开口机构示意图，由上综绳 1、曲线压块 2、定滑轮 3、电磁铁 4、片钩 A 5、片钩 B 6、动滑轮 7 和下综绳 8 组成。此种开口机构的综丝位置控制采用伸缩式电磁铁作用。电磁铁得电时芯棒伸出，钩住从上位准备下降的片钩 A；当电磁铁失电时，电磁铁芯不伸出，不限制片钩 A 的下降运动。曲线压块的工作过程同上面所述的摆动式电磁控制开口形式，这里不再赘述。

压块与电磁组合式开口形式的优点是，能与圆织机较好地进行连接，且经过动滑轮对行程放大后可以获得较大、较清晰的梭口；但由于综绳主要沿圆周分布，因此如何为操作工人预留充足的操作空间是一个难点。图 2-20 为往复移动式电磁控制提综开口立体圆织机的示意图。

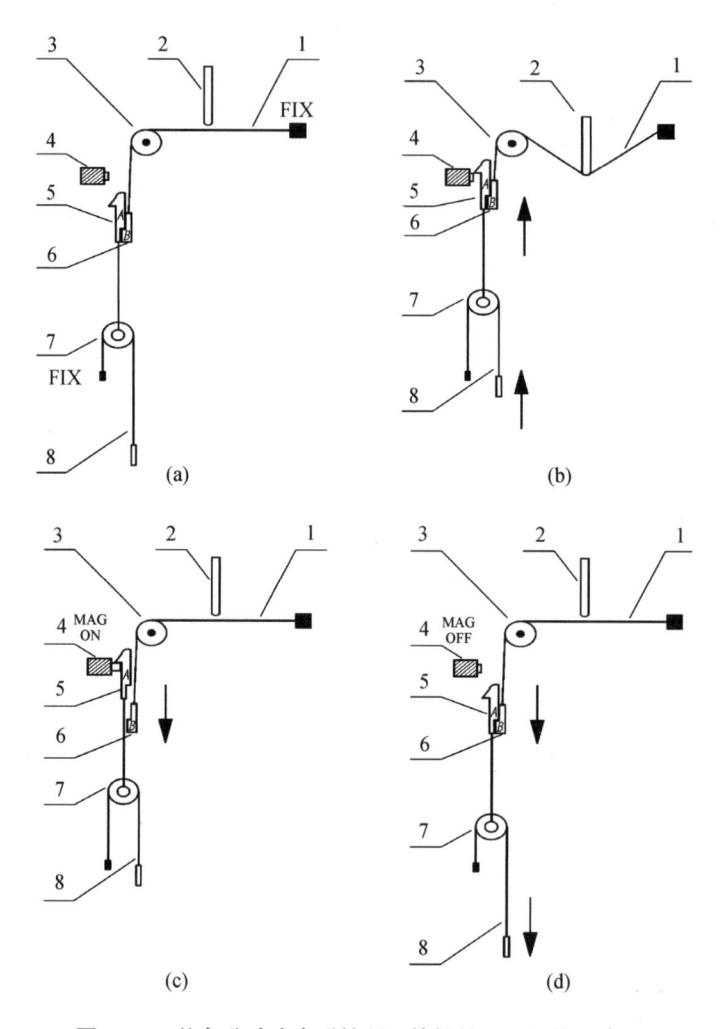

图 2-19　往复移动式电磁控制压块提综开口机构示意图
1—上综绳；2—曲线压块；3—定滑轮；4—电磁铁；5—片钩 A；6—片钩 B；7—动滑轮；8—下综绳

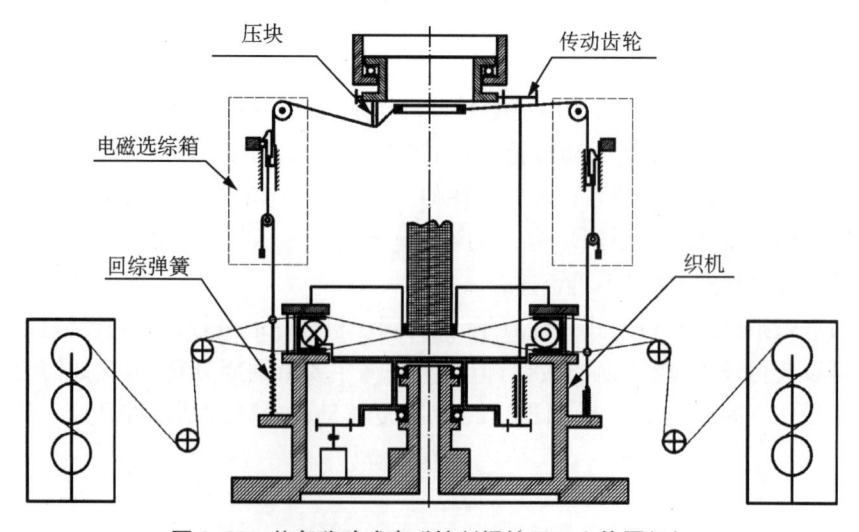

图 2-20　往复移动式电磁控制提综开口立体圆织机

2.4 立体圆织机的无碾引纬

传统圆织机的引纬系统有梭子、推梭器组成，梭子的个数 3~10 把，它们均匀分布在同一门环的圆形轨道上，和梭子相同数量的推梭器与织机主轴相连，推动梭子作圆周运动，将纬纱引入梭口，如图 2-21 所示。在引纬过程中，推梭器头部顶住梭子尾部，而推梭器的尾部则顶住后面一把梭子的头部，以防止梭子运行过程中相互间距发生变化。在生产过程中，梭子作圆周运动进行引纬，每根经纱都不可避免地从推梭器和梭体之间挤过去，使经纱受到挤压和磨损；同时，为了防止推梭杆刚性不足，其远离主轴的一端配有两个滚轮，在推梭时，滚轮在下门环上滚动，又对经纱进行二次碾压。因此传统的圆织机引纬方式不适合用于生产碳纤维、玻璃纤维这样高强、高模纤维。

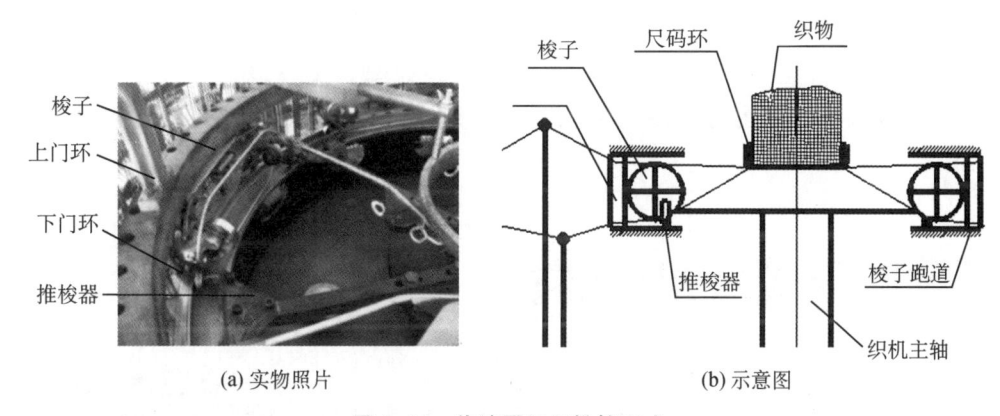

(a) 实物照片　　　　(b) 示意图

图 2-21　传统圆织机推梭形式

要在立体圆织机上生产碳纤维立体织物，对经纱的无碾压式引纬是关键，该引纬方式能保证经纱从梭子与梭道的间隙中无阻通过，彻底避免对经纱的摩擦和磨损。主要需要解决的问题是梭子在门环上的支撑方式和梭子的驱动形式。

2.4.1　无碾导梭系统

无碾导梭是指梭子在运行过程中始终与经纱非接触交错。整个系统除了梭子之外，还包括上下门环和梭体支撑部件，这些支撑部件沿门环圆周排布，形成无碾导梭滚道，梭子在其引导下绕圆周运行。由于滚道支撑体的形式不同，其安装方式和梭子上导轨的设计也不一样。

1. 球体支撑导梭方式

球体支撑导梭方式中，梭子支撑体为万向球。若干球体在上下门环上沿圆形排列，梭体两侧设计有与万向球匹配的 V 形导槽，导槽骑跨在支撑球上。每把梭子在运行时，单侧至少同时与三个支撑球接触，从而保证其运行方向和防止梭体的倾斜。由于支撑球将梭体托起，使其与上下门环间有一定间隙，从而给经纱的路径留足空隙，实现经纱在织造路径上与门环及梭体之间的无接触，从而避免了经纱的磨损和折断。该设计的具体结构如

图 2-22 所示。为降低球体和导轨之间摩擦，V 形导槽可选择摩擦系数小、耐磨损的材料，如尼龙等。

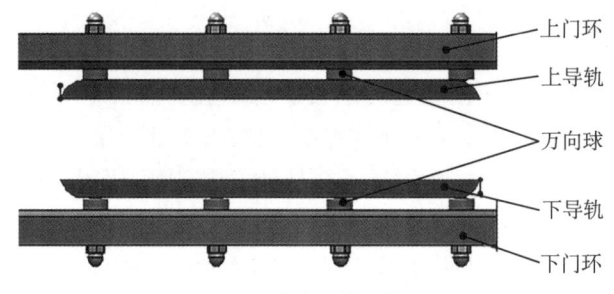

图 2-22　球体支撑导梭方式

2. 滚轮支撑导梭方式

滚轮支撑导梭方式中，梭子支撑体为开有 V 形槽的滚轮，滚轮与梭子上的导槽接触时被动转动，上下门环上成对安装若干滚轮，装配关系如图 2-23 所示。此设计同样实现了梭子在跑道上的"腾空"运动，给经纱留足空隙穿过，经纱在开口运动时与门环和梭子之间无接触。

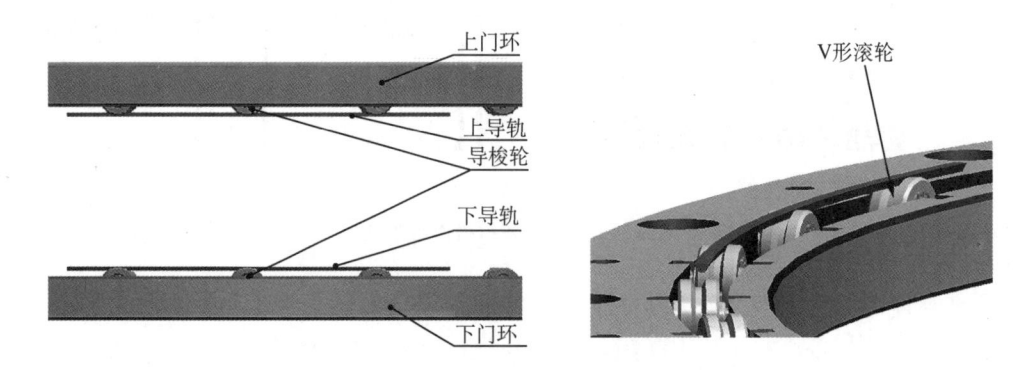

图 2-23　滚轮支撑导梭方式

2.4.2　推梭方式

为了在立体圆织机上用碳纤维、玻璃纤维等高模高强纤维生产立体织物，除了梭子在运行时与经纱不发生接触之外，其推梭部件也尽可能不与经纱产生接触。采用梭体背部推梭形式是有效解决该问题的方法之一。

立体圆织机专用梭子的背部设置有一段圆弧斜齿条（图 2-24），在上下门环之间均布若干圆柱齿轮，与梭体背部的齿条配合。为了保持齿轮之间转动速度的一致，采用齿形带或链传动将相邻齿轮连接起来（图 2-25）。引纬电机传动其中一个圆柱齿轮，再由它依次传动其他齿轮。圆柱齿轮与圆弧齿条啮合实现对梭子的驱动。梭子背部圆弧齿条的模数与圆柱齿轮相同，其分度圆圆心理论上与圆织机主轴的中心重合。

图 2-26 是立体圆织机引纬系统示意图，图 2-27 是东华大学研制的立体圆织机实物照片。

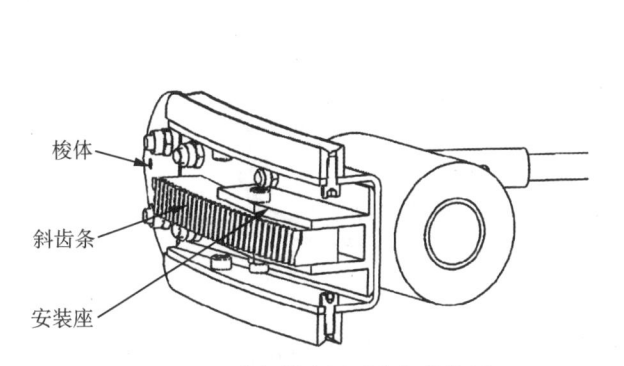

图 2-24 背部带有圆弧齿条的梭子

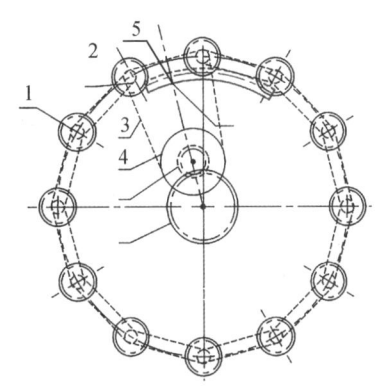

图 2-25 圆柱齿轮之间与梭体之间的运动传递

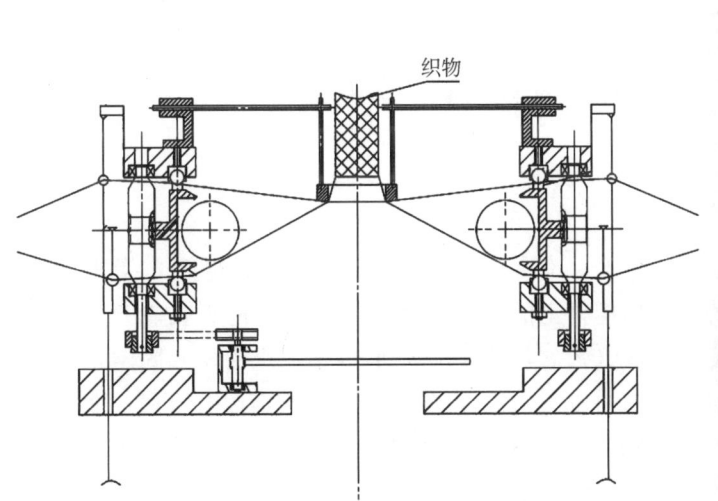

图 2-26 立体圆织机引纬系统示意图

图 2-27 东华大学研制的碳纤维立体圆织机

2.5 具有实时变径功能的尺码环

为满足立体圆织机大范围变径控制要求，设计图 2-28 所示的一种多边形叉齿状变径的机构，利用多边形围成的边界来拟合尺码环内圆。通过尺码环片的径向移动改变尺码环的直径，每片尺码环片的内侧为圆弧状，当尺码环片向内收缩时，所有尺码环片内侧围成的空间变小，进而使管状织物直径变小，如图 2-28(b)所示。直径变大的过程与上述相反，如图 2-28(a)所示。

(a) 直径变大　　　　　　　　(b) 直径变小

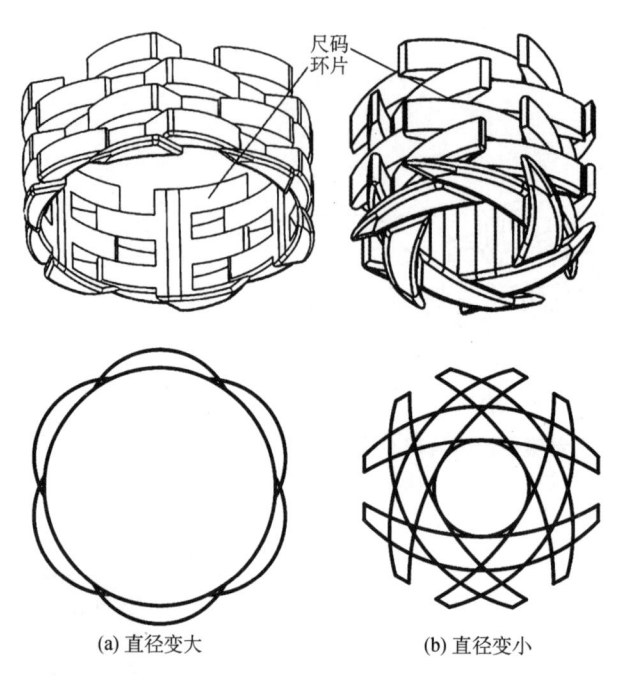

图 2-28　尺码环结构图

2.5.1　变径控制系统构成

整个变径机构如图 2-29 所示，由底座 1、沿圆周均匀分布的直线导轨组件 2、盘形沟槽凸轮 3、凸轮回转导柱 4、固定在直线导轨组件上的尺码环片 5、不完全齿轮 6、齿轮 7 和电机 8 组成。当伺服电机 8 转动时，齿轮 7 驱动不完全齿轮 6 转动，因不完全齿轮 6 固定于盘形沟槽凸轮 3 上，所以盘形沟槽凸轮 3 绕自身轴线转动，凸轮 3 上的沟槽廓线有直线和曲线两种，沟槽驱动直线导轨组件 2 沿径向移动，进而带动与直线导轨固结的尺码环片 5 沿径向移动，使尺码环片围成的空间发生变化，实现管状织物直径的变化。

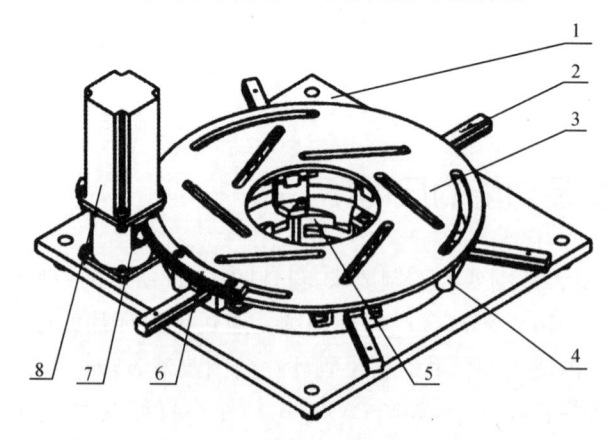

图 2-29　变径控制机构装配图

1—底座；2—直线导轨组件（凸轮直动推杆）；3—盘形沟槽凸轮；
4—凸轮回转导柱；5—尺码环片；6—不完全齿轮；7—齿轮；8—驱动电动机

2.5.2 凸轮廓线的设计

变径机构中最重要的两个参数分别为盘形沟槽凸轮的转角（以下简称凸轮转角）和尺码环片所围环形区域的直径。盘形沟槽凸轮的沟槽曲线的形状决定了该机构的输入与输出的关系，即凸轮转角与尺码环片所围环形区域直径的关系。

在管状立体织机的变径控制系统中，由于纱线对于尺码环沿径向有向外张开的作用力，因此销轴始终与盘形沟槽凸轮的外侧轮廓接触，则内凸轮的轮廓为实际的工作面。

管状立体织机工作时，织物口径的变化速度不高，因此盘形沟槽凸轮的运转速度也不高，所以，设计时仅需要对盘形沟槽凸轮进行静力分析。变径凸轮机构的设计应解决以下几个问题，即相同条件下具有较小的输入力或输入转矩，以及具有较小机构压力角。

1. 驱动转矩

盘形沟槽凸轮运动规律决定变径控制驱动力的变化。设织物受牵引机构向上牵引过程中总牵引力为 F_q，忽略织物与尺码环的摩擦以及纱线开口对于经纱张力波动的影响，织物在织口水平面圆周方向的经纱总张力 $F_w \approx F_q$。由于六组直线导轨沿圆周均匀分布，则织物对每组直线导轨径向力 F_n 相等，且满足：$6F_n = F_w$。

如图 2-30 所示，根据尺码环片的安装位置确定凸轮沟槽最小圆半径为 r_0，沟槽最外端所在圆的半径为 $r_{max} = r_0 + 0.5B$（B 为立体织物管径厚度）。

令盘形沟槽凸轮转角为 θ，则直线导轨上销轴位置 r 是凸轮转角 θ 的函数，即：

$$r = g(\theta) \tag{2-1}$$

织物口径从大变小的过程对应的是凸轮的推程阶段，须由电机提供驱动力；而织物口径从小变大的过程，是凸轮的回程阶段，电机起制动作用，因此设计时仅考虑织物口径缩小过程。由于织物牵引速度缓慢，变径速度低，因此可忽略惯性力和滚子与凸轮沟槽间的摩擦力。取凸轮转盘和直线导轨为分析对象，对于该系统，总输入为电机对转盘的驱动转矩 T，总输出为经纱张力对 6 组直线导轨所产生的向外推力 F_n。根据虚功原理：

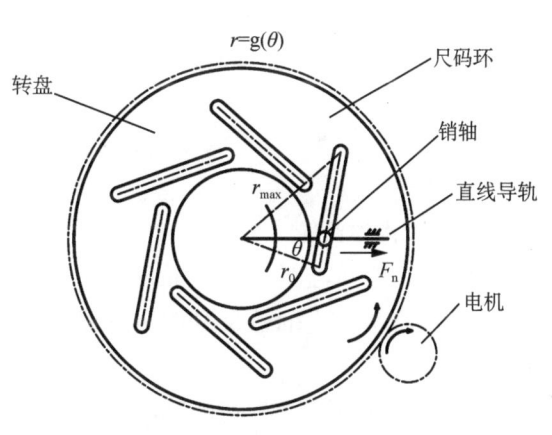

图 2-30 直线沟槽凸轮受力分析

$$T \cdot d\theta = 6F_n \cdot dr \tag{2-2}$$

故电机对盘形沟槽凸轮的驱动转矩为：

$$T = 6F_n \cdot dr/d\theta \tag{2-3}$$

2. 直线沟槽凸轮

如将沟槽设计成直线，并且沟槽方向与最小圆周半径相切，如图 2-30 所示。则销轴位

置的半径 r 与凸轮转角 θ 的关系为：

$$r = r_0/\cos\theta \tag{2-4}$$

其中 $\theta \leqslant \arccos(r_0/r_{\max})$。

将公式(2-4)代入公式(2-3)，可得盘形沟槽凸轮所承受的总转矩为：

$$T = \sum T_i = 6F_n r_0 \frac{\sin\theta}{\cos^2\theta} \tag{2-5}$$

转盘转矩 T 随凸轮转角 θ 的变化曲线如图 2-31 中实线所示，即随着凸轮转角的增大，驱动凸轮的转矩也需要增大。可见采用直线沟槽虽然加工制造方便，但增大了对电机转矩的要求。

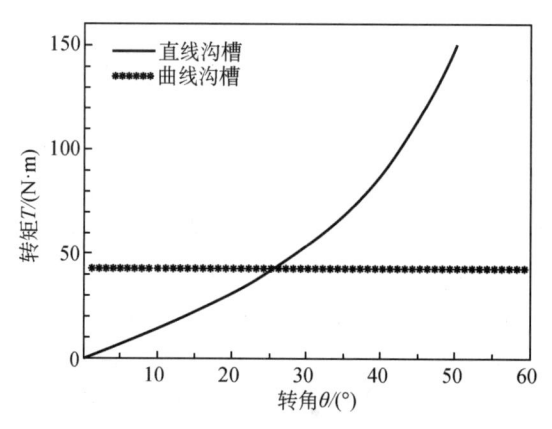

图 2-31 转盘驱动转矩与凸轮转角的关系

3. 曲线沟槽凸轮

由式(2-3)知，盘形沟槽凸轮的驱动转矩与 $dr/d\theta$ 成正比，即电机所需转矩随 $dr/d\theta$ 的增大而增大。为了保证在变径织造过程中电机输出转矩尽可能保持恒定，$dr/d\theta$ 值的变化越小越好。

阿基米德螺线亦称"等速螺线"，是一个点匀速离开一个固定点的同时又以固定的角速度绕该固定点转动而产生的轨迹。动点的极坐标方程为：

$$r(\theta) = a + b(\theta) \tag{2-6}$$

其中，其中 a 和 b 均为实数，a 为起点到极坐标原点的距离，极半径 r 是转角 θ 的线性函数。将式(2-6)对 θ 求一阶导数，有

$$dr/d\theta = b = 常数$$

因此采用阿基米德螺旋线可使沟槽凸轮曲线的 $dr/d\theta$ 值为常数，从而可保证在变径织造过程中，需要电机的转矩保持不变。

该变径控制机构采用 6 组直线导轨，当凸轮最大转角为 60°时，销轴位置与凸轮转角的关系式为：

$$r = r(\theta) = 135\theta/\pi + 80 \tag{2-7}$$

式(2-7)即为按阿基米德螺旋线规律变化的沟槽凸轮曲线,此时盘形沟槽凸轮的驱动转矩 T(见图 2-31)为一恒定值,曲线如图 2-31 中虚线所示。图 2-32 是曲线沟槽凸轮受力分析图。

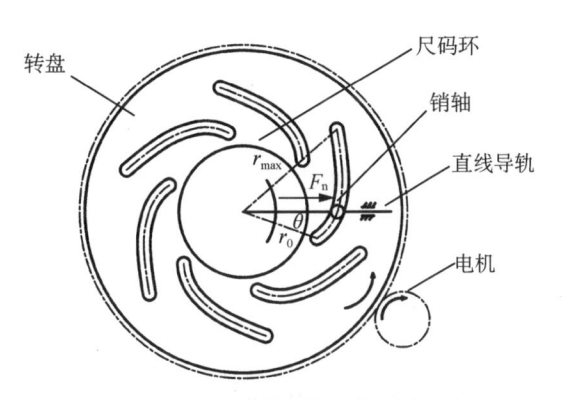

图 2-32 曲线沟槽凸轮机构受力分析

2.6 经纱运动控制策略

表示管状立体织物组织结构的意匠图如图 2-33 所示,但三维圆织法成形的管状立体织物的组织结构非常丰富,对于控制方面而言,控制程序的通用性要尽量高,以适应层数和花纹类型的变化,在这种情况下,意匠图形式表达织物组织结构已经显得非常不便。随着计算机技术的高速发展,矩阵表示法逐步兴起,它极大地推动了织物 CAD 系统的发展,针对三维圆织法成形的管状立体织物的组织结构的特殊性,提出的一种描述和研究管状立体织物组织结构的新方法——基相生成法,为经纱开口运动的控制提供数学基础。

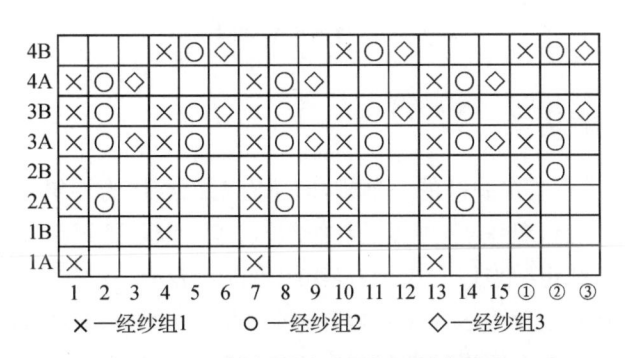

图 2-33 纬向垂纱法织物组织意匠图

所谓基相生成法就是将织物的完全组织分解成若干个基本基团,并将这些基本基团以矩阵形式表达,然后按一定的规律有机地组合,还原为原来的织物组织。

2.6.1 管状立体织物的组织分解——基相生成法

因管状立体织物与平面多层机织物在组织结构上有相似之处,所以为了研究方便,将管状立体织物沿轴向剖开,展成类似于平面织物的结构。图 2-34(a)所示为任意层管状立体织物组织分解示意图(为使图面清晰,图中省略了垂纱,只示意了层内组织情况),若每一层只取一根经纱,按照图 2-34(a)中虚线位置把织物组织分解为若干个"基团"(如图 2-34(b)所示),这种存在于组织中的最小基团(包括垂纱)称为"组织基"。经纱与纬纱的交织状态和沉浮规律称为"相"。则组织基内经纱与纬纱的交织状态和沉浮规律称为"基相";织物的完全组织内经纱与纬纱的交织状态和沉浮规律称为"全相"。

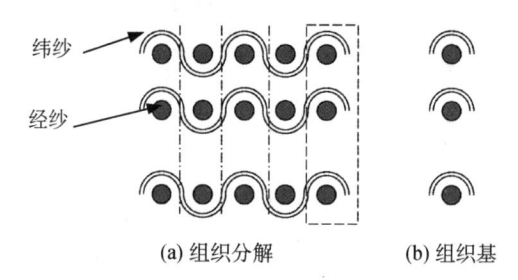

图 2-34 管状立体织物组织分解及其组织基示意图

因为各层之间的经纱数和纬纱数都相同,因而织物的完全组织可以分解为若干个相似的基团,只是各个基团的相有所差异,即全相可以分解为基相,所以基相是构成全相的基本单元。因此,基相生成法也可以理解为首先将织物的全相分解成基相,将基相以矩阵形式表达,然后把基相按一定的规律组合成全相,如图 2-35 所示。由于全相是由基相按规律生成的,所以该方法称为基相生成法。

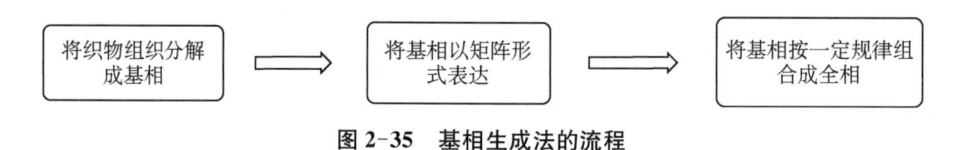

图 2-35 基相生成法的流程

2.6.2 基相的矩阵表达

图 2-34(b)中只示意了组织基的一种相,即所有组织点均为纬组织点。实际上,某一层纬纱与该层经纱的交叉点(组织点)可以是纬组织点,也可以是经组织点。

在基相和全相中,纬组织点以 0 表示,经组织点以 1 表示,且经纱按顺序排成列、纬纱也按顺序排成行,则基相和全相表示成布尔矩阵,其元素非 0 即 1,分别称为基相矩阵和全相矩阵。值得注意的是,此处的组织点并非只限定于层内的经纱与纬纱的交织点,也可以是不同层之间的经纱与纬纱的交织状态。

可以证明,基相必定可用唯一的矩阵完全表达。首先,因为基相可用 0 和 1 表示,则必定存在矩阵与之对应,亦即基相必定可用矩阵表达。其次,因基相即组织基的经纱与纬纱的沉浮规律是唯一确定的,所以基相矩阵中的元素值取 0 还是 1 也是唯一确定的。最后,基相矩阵中表达了每一根经纱与每一根纬纱的交织状态,即基相的规模决定了矩阵的维数,所以基相矩阵的表达是完全的。

同理,层基相、纬垂基相、经垂基相以及全相也必定可用唯一的矩阵完全表达。

层基相(纬纱与各层经纱的交织状态)可用下面矩阵进行表达:

$$\boldsymbol{X}_m = \begin{bmatrix} x_{11} & & & 0 \\ & x_{22} & & \\ & & \ddots & \\ 1 & & & x_{mm} \end{bmatrix}_{m \times m}, \quad x_{ii} = \begin{cases} 0 & \text{第 } i \text{ 层纬纱与该层经纱为纬组织点} \\ 1 & \text{第 } i \text{ 层纬纱与该层经纱为经组织点} \end{cases}$$

(2-8)

式中:m 表示层数,$i = 1 \sim m$。

因 $\boldsymbol{X}_m$ 表达的是层内组织基的相,所以 $\boldsymbol{X}_m$ 称为层基相矩阵。其主对角线以上所有元素的值均为 0,主对角线以下所有元素的值均为 1。由于每一层纬纱与对应层的经纱都可以有两种状态,所以 m 层管状立体织物的层基相数为 2^m。

与层基相类似,垂基相也可用矩阵表达,由于垂纱是起连接各层织物的作用,所以垂纱只有两种相,对于纬向垂纱法,垂纱与纬纱同向,当垂纱位于经纱上方时,形成纬组织点,而当垂纱位于经纱下方时,形成经组织点。对于经向垂纱法,垂纱与经纱同向,当垂纱位于纬纱上方时,是经组织点,当垂纱位于纬纱下方时,是纬组织点。

故纬垂基相矩阵:

$$\boldsymbol{Y}_m = (y \quad y \quad \cdots \quad y)_{1 \times m}, \quad y = \begin{cases} 0 & \text{垂纱相对于各层经纱均为纬组织点} \\ 1 & \text{垂纱相对于各层经纱均为经组织点} \end{cases}$$

(2-9)

经垂基相矩阵:

$$\boldsymbol{Y}_m^T = \begin{pmatrix} y \\ y \\ \vdots \\ y \end{pmatrix}_{m \times 1}, \quad y = \begin{cases} 0 & \text{垂纱相对于各层纬纱均为纬组织点} \\ 1 & \text{垂纱相对于各层纬纱均为经组织点} \end{cases}$$

(2-10)

从式(2-9)和(2-10)可以看出,纬垂基相矩阵 $\boldsymbol{Y}_m$ 与经垂基相矩阵 $\boldsymbol{Y}_m^T$ 存在转置的关系。这也与事实是相符的,因为纬向垂纱法和经向垂纱法分别由纬纱作为垂纱和经纱作为垂纱,所以它们是行和列转换的关系。另外,纬垂基相和经垂基相数均为 2。

由于管状立体织物各层之间需有垂纱连接,因此,层基相矩阵和垂基相矩阵需一一配对,故层基相矩阵和垂基相矩阵共同构成基相矩阵。

对于纬向垂纱法,其基相矩阵:

$$\boldsymbol{T}_m = \begin{pmatrix} \boldsymbol{X}_m \\ \boldsymbol{Y}_m \end{pmatrix}_{(m+1) \times m}$$

(2-11)

对于经向垂纱法，其基相矩阵：

$$T_m = (X_m \quad Y_m^T)_{m \times (m+1)} \tag{2-12}$$

不难得出纬向垂纱法和经向垂纱法的基相数均为 2^{m+1}。

2.6.3 全相的矩阵表达

基相矩阵按照规律组合就能生成全相矩阵，无论是纬向垂纱法还是经向垂纱法，两者所形成的织物的全相矩阵为：

$$W_m = W(T_m) \tag{2-13}$$

公式(2-13)是一个矩阵函数式，它表达了管状立体织物的全相，可以由基相矩阵按照一定的法则组合生成。其中的函数法则 W 表示基相的组合规律，组合方式不同，织物的花纹也就不同，可以是平纹、斜纹甚至是平纹和斜纹的混合。所以，函数法则 W 代表着织物组织的花纹类型。

因公式(2-13)表示织物的完全组织，其中可能包含若干个相同的基相，如果全部放入全相矩阵，则会使全相矩阵的阶数很高。为了使全相矩阵的形式简化，使其只包含能够形成 m 层织物的最少经纱根数，即全相矩阵的列数最少，且只表示一个完全组织循环。这种以最少经纱根数表达一个组织循环的全相矩阵，称为标准型全相矩阵。

另外，从公式(2-8)~(2-13)可以看出，织物的层数 m 决定了基相矩阵和全相矩阵的阶数，组织的相决定了基相矩阵和全相矩阵的元素取值，而花纹类型决定了函数法则 W，所以，若织物的层数、组织的相和花纹类型一旦确定，则织物的全相矩阵也就可以随之得到。

1. 典型的管状立体织物组织结构的矩阵表达

管状立体织物的全相矩阵函数表达式(2-13)包含了所有组织类型，而实际应用中并不需要对所有组织类型进行研究，只需研究几种典型的组织即可。为便于讨论，根据基相矩阵的特征，把纬向垂纱法成形的管状立体织物称为 X-Y 型管状立体织物，而经向垂纱法成形的管状立体织物称为 X-Y^T 型管状立体织物。

(1) 1上1下纯相平纹管状立体织物

层基相矩阵的主对角线元素的取值全为0或全为1的织物称为纯相织物。1上1下纯相平纹管状立体织物的层基相矩阵为：

$$^0X_m = \begin{bmatrix} 0 & & & 0 \\ & 0 & & \\ & & \ddots & \\ 1 & & & 0 \end{bmatrix}_{m \times m}, \quad ^1X_m = \begin{bmatrix} 1 & & & 0 \\ & 1 & & \\ & & \ddots & \\ 1 & & & 1 \end{bmatrix}_{m \times m}$$

垂基相矩阵：

$$^0Y_m = \begin{bmatrix} 0 & 0 & \cdots & 0 \end{bmatrix}_{1 \times m}, \quad ^1Y_m = \begin{bmatrix} 1 & 1 & \cdots & 1 \end{bmatrix}_{1 \times m}$$

纬向垂纱法的基相矩阵：

$$^0T_m = \begin{pmatrix} ^0X_m \\ ^0Y_m \end{pmatrix}, \quad ^1T_m = \begin{pmatrix} ^1X_m \\ ^1Y_m \end{pmatrix}$$

经向垂纱法的基相矩阵：

$$^{0}\boldsymbol{T}_m = (^{0}\boldsymbol{X}_m \quad ^{0}\boldsymbol{Y}_m^{\mathrm{T}}), \quad ^{1}\boldsymbol{T}_m = (^{1}\boldsymbol{X}_m \quad ^{1}\boldsymbol{Y}_m^{\mathrm{T}})$$

所以，1上1下纯相平纹管状立体织物的标准型全相矩阵：

$$\boldsymbol{W}_m = (^{0}\boldsymbol{T}_m \quad ^{1}\boldsymbol{T}_m \quad ^{0}\boldsymbol{T}_m \quad ^{1}\boldsymbol{T}_m \quad ^{0}\boldsymbol{T}_m \quad ^{1}\boldsymbol{T}_m) \tag{2-14}$$

如纬向垂纱法成形的二层管状立体织物的标准型全相矩阵：

$$\boldsymbol{W}_2 = \begin{bmatrix} 0 & 0 & 1 & 0 & 0 & 0 & 1 & 0 & 0 & 0 & 1 & 0 \\ 1 & 0 & 1 & 1 & 1 & 0 & 1 & 1 & 1 & 0 & 1 & 1 \\ 0 & 0 & 1 & 1 & 0 & 0 & 1 & 1 & 0 & 0 & 1 & 1 \end{bmatrix} \tag{2-15}$$

（2）1上2下纯相斜纹管状立体织物

1上2下纯相斜纹管状立体织物的层基相矩阵、垂基相矩阵以及基相矩阵都与1上1下纯相平纹管状立体织物相同，它的标准型全相矩阵如下：

$$\begin{aligned}\boldsymbol{W}_m = (&^{0}\boldsymbol{T}_m \quad ^{1}\boldsymbol{T}_m \quad ^{1}\boldsymbol{T}_m \quad ^{0}\boldsymbol{T}_m \quad ^{1}\boldsymbol{T}_m \\ &^{1}\boldsymbol{T}_m \quad ^{0}\boldsymbol{T}_m \quad ^{1}\boldsymbol{T}_m \quad ^{1}\boldsymbol{T}_m \quad ^{0}\boldsymbol{T}_m \\ &^{1}\boldsymbol{T}_m \quad ^{1}\boldsymbol{T}_m \quad ^{0}\boldsymbol{T}_m \quad ^{1}\boldsymbol{T}_m \quad ^{1}\boldsymbol{T}_m)\end{aligned} \tag{2-16}$$

从公式（2-16）可以看出，1上2下纯相斜纹管状立体织物运行3周为一个组织循环。

（3）平纹和斜纹复合的管状立体织物

这里只研究第一层为1上2下斜纹而其他层均为1上1下平纹的管状立体织物，它的层基相矩阵：

$$^{0}\boldsymbol{X}_m = \begin{bmatrix} 0 & & & 0 \\ & 0 & & \\ & & \ddots & \\ 1 & & & 0 \end{bmatrix}_{m \times m}, \quad ^{1}\boldsymbol{X}_m = \begin{bmatrix} 1 & & & 0 \\ & 1 & & \\ & & \ddots & \\ 1 & & & 1 \end{bmatrix}_{m \times m}$$

$$^{10}\boldsymbol{X}_m = \begin{bmatrix} 1 & & & 0 \\ & 0 & & \\ & & \ddots & \\ 1 & & & 0 \end{bmatrix}_{m \times m}, \quad ^{01}\boldsymbol{X}_m = \begin{bmatrix} 0 & & & 0 \\ & 1 & & \\ & & \ddots & \\ 1 & & & 1 \end{bmatrix}_{m \times m}$$

垂基相矩阵：

$$^{0}\boldsymbol{Y}_m = \begin{bmatrix} 0 & 0 & \cdots & 0 \end{bmatrix}_{1 \times m}, \quad ^{1}\boldsymbol{Y}_m = \begin{bmatrix} 1 & 1 & \cdots & 1 \end{bmatrix}_{1 \times m}$$

纬向垂纱法的基相矩阵：

$$^{0}\boldsymbol{T}_m = \begin{pmatrix} ^{0}\boldsymbol{X}_m \\ ^{0}\boldsymbol{Y}_m \end{pmatrix}, \quad ^{1}\boldsymbol{T}_m = \begin{pmatrix} ^{1}\boldsymbol{X}_m \\ ^{1}\boldsymbol{Y}_m \end{pmatrix}$$

$$^{10}\boldsymbol{T}_m = \begin{pmatrix} ^{10}\boldsymbol{X}_m \\ ^{0}\boldsymbol{Y}_m \end{pmatrix}, \quad ^{01}\boldsymbol{T}_m = \begin{pmatrix} ^{01}\boldsymbol{X}_m \\ ^{1}\boldsymbol{Y}_m \end{pmatrix}$$

经向垂纱法的基相矩阵：

$$^0T_m = (^0X_m \quad ^0Y_m^T), \quad ^1T_m = (^1X_m \quad ^1Y_m^T)$$

$$^{10}T_m = (^{10}X_m \quad ^0Y_m^T), \quad ^{01}T_m = (^{01}X_m \quad ^1Y_m^T)$$

所以，它的标准型全相矩阵：

$$\begin{aligned} W_m = (&^0T_m \quad ^1T_m \quad ^{10}T_m \quad ^{01}T_m \quad ^{10}T_m \quad ^1T_m \quad ^0T_m \quad ^1T_m \\ &^{10}T_m \quad ^{01}T_m \quad ^{10}T_m \quad ^1T_m \quad ^0T_m \quad ^1T_m \quad ^{10}T_m \quad ^{01}T_m \\ &^{10}T_m \quad ^1T_m \quad ^0T_m \quad ^1T_m \quad ^{10}T_m \quad ^{01}T_m \quad ^{10}T_m \quad ^1T_m) \end{aligned} \quad (2-17)$$

通过以上3种典型的管状立体织物的实例分析可以知道，如果织物中只有一种花纹类型，那么基相矩阵的数量比较少，全相也比较简单；如果织物中同时含有两种花纹类型，那么基相矩阵数量比较多，全相也较为复杂。

2. 基相生成法在经纱开口运动控制上的应用

基相生成法不仅可以用于研究与分析管状立体织物的组织结构，还为控制经纱开口运动提供了极大的方便，为解决控制程序的通用性问题提供了一种良好方法。该方法在经纱开口运动控制上的应用主要有两个方面：一是可以快速、方便地获取织造数据；二是指导控制程序的编制，使控制程序结构化，提高程序的通用性和灵活性。

应用基相生成法进行开口运动控制的一般步骤如图 2-36 所示。

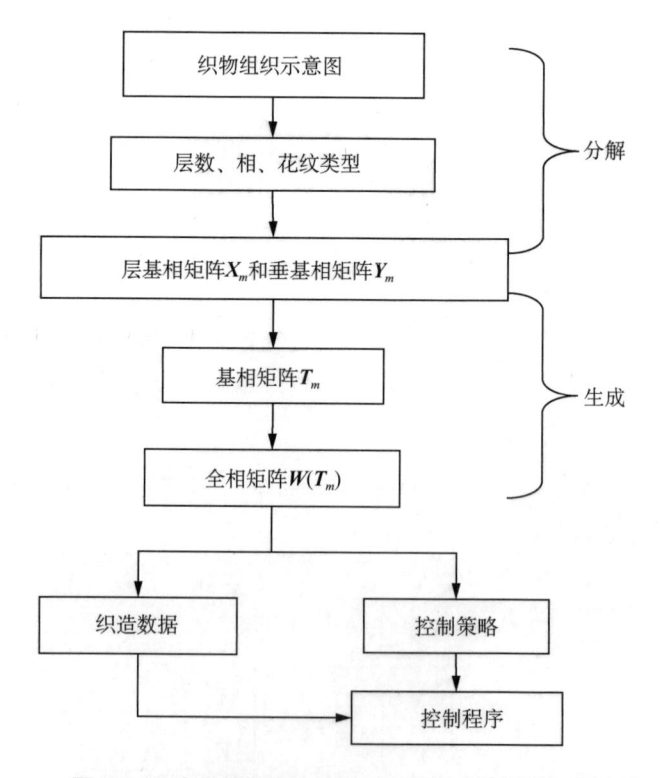

图 2-36 应用基相生成法进行开口运动控制的一般步骤

2.6.4 管状立体织物织造数据的自动生成系统设计

前面已经详细阐述了以矩阵形式表达织物组织结构的基相生成法,利用该方法可以快速、方便地获取织造数据。本节将介绍基于基相生成法开发的管状立体织物织造数据的自动生成系统。

1. 织造数据自动生成程序的设计

(1) 基本矩阵的生成与元素的提取

在第 2.6.3 节中提及的各种花纹类型的矩阵中,只有 $^0\boldsymbol{X}_m$、$^1\boldsymbol{X}_m$、$^{10}\boldsymbol{X}_m$、$^{01}\boldsymbol{X}_m$、$^0\boldsymbol{Y}_m$ 和 $^1\boldsymbol{Y}_m$ 六个基本矩阵,其他矩阵都可以通过矩阵的运算得到。$^0\boldsymbol{X}_m$ 具有这样的特征:当 $i \leqslant j$ 时, $x_{ij} = 0$;当 $i > j$ 时,$x_{ij} = 1$。所以,其生成程序如下:

```
for j = 1:m
    for i = 1:m
        if (i< = j)
            X0(i,j) = 0;
        else
            X0(i,j) = 1;
        end
    end
end
```

观察 $^0\boldsymbol{X}_m$ 和 $^1\boldsymbol{X}_m$ 可知,$^1\boldsymbol{X}_m$ 可在 $^0\boldsymbol{X}_m$ 的基础上加上一个单位矩阵即可,即:X1 = X0 + eye(m)。

$^{10}\boldsymbol{X}_m$ 在 $^0\boldsymbol{X}_m$ 的基础上将第一行第一列的元素值变为 1 即可,其指令为 X0(1,1) = 1; X10 = X0。同理,$^{01}\boldsymbol{X}_m$ 在 $^1\boldsymbol{X}_m$ 的基础上将第一行第一列的元素值变为 0 即可,其指令为 X1(1,1) = 0; X01 = X1。

$^0\boldsymbol{Y}_m$ 中的元素值都为 0,可以利用 zeros(m,n) 命令生成,$^1\boldsymbol{Y}_m$ 中元素值都为 1,可以用 ones(m,n) 命令生成。

由于经纱开口运动的控制采用每个综片单独控制的方式,所以织造数据包括所有纬纱对所有经纱的规律。因此,需提取基相矩阵的行元素,然后按照规律组合生成织造所需的数据。(m,:) 可以提取第 m 行的所有元素。

(2) 最大理论经纱数的确定

形成一管状立体织物理论上所需要的经纱数称为理论经纱数(以 N 表示),织机上实际具有的经纱数称为实际经纱数(以 N' 表示)。第 2.6.3 节中由纬向垂纱法和经向垂纱法分别成形的各种花纹类型的管状立体织物的理论经纱数的计算公式列于表 2-1。

表 2-1　各种管状立体织物的理论经纱数的计算公式

	纬向垂纱法	经向垂纱法
平纹	$N = (2k+1)m$	$N = (2k+1)(m+1)$

(续表)

	纬向垂纱法	经向垂纱法
斜纹	$N=(3k+2)m$	$N=(3k+2)(m+1)$
复合纹	$N=(6k+2)m$	$N=(6k+2)(m+1)$

注：表中 m 表示层数，$k=1,2,3\cdots$

从表 2-1 可知，理论经纱数是不连续、分立的整数值，所以，实际经纱数与理论经纱数可能不相等。如果 $N'\neq N$，可以让多余的经纱不参与织造，即织造数据以 0 补全。实际上，应当尽量多地使用经纱，所以，在不超过实际经纱数 N' 的情况下，应当使理论经纱数 N 最大，即 k 值最大。因此，将 N' 代替 N 分别代入表 1 中的各公式中，得到 k 值，再将 k 值向 0 取整即可得到最大的 k 值。

2. 织造数据自动生成的程序框图

管状立体织物织造数据自动生成程序的框图如图 2-37 所示，其详细的程序代码见附录 A。

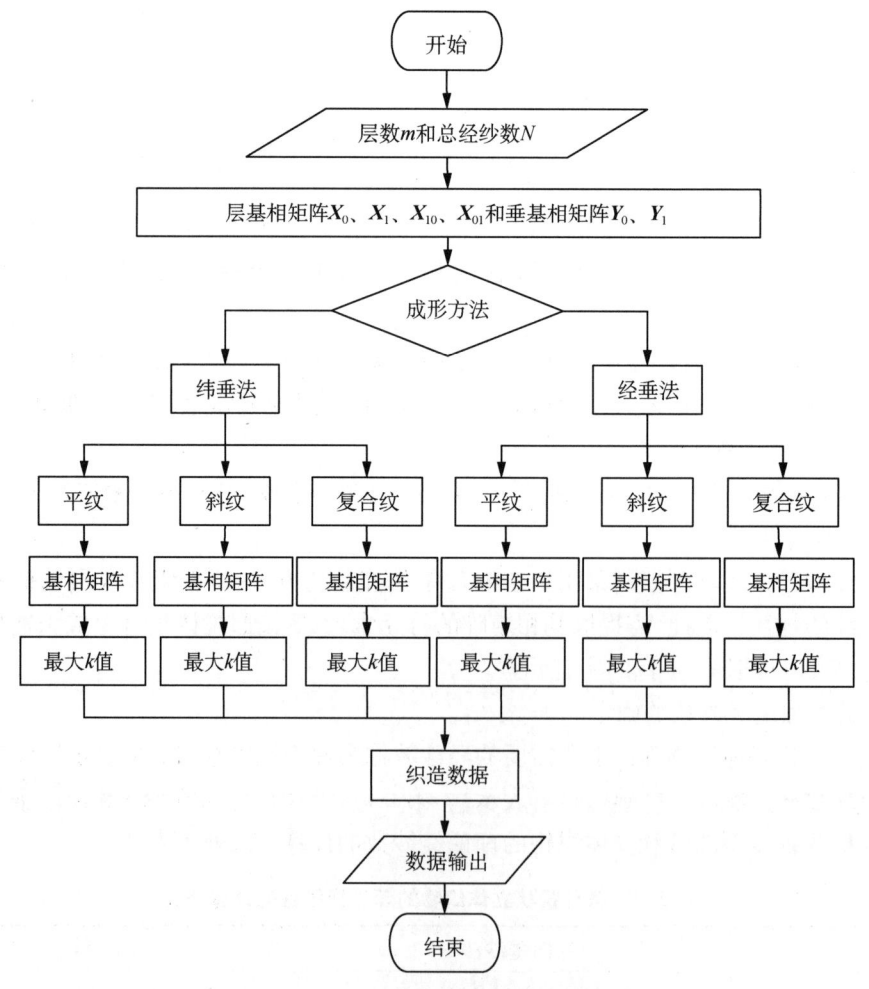

图 2-37 织造数据自动生成的程序框图

3. 织造数据自动生成系统的界面

为了使用户操作更方便,基于 MATLAB/GUI 设计人机交互界面,操作简单,人性化程度高。人机交互界面的设计主要包括界面设计和程序设计两大部分。

(1) 界面设计

图形界面设计如图 2-38 所示,包括 8 个静态文本框(Static Text)、5 个可编辑文本框(Edit Text)、2 个弹出菜单(Pop-up Menu)、3 个框架(Panel)和 2 个单功能按钮(Push Button)。主要控件的属性值的修改已列于表 2-2。

图 2-38 织造数据自动生成系统的界面控件布局

表 2-2 织造数据自动生成系统的界面控件属性值

对象	属性名	属性值
Edit Text	string	' '
Pop-up Menu	string	'平纹|斜纹|复合纹'
		'纬垂法|经垂法'
	value	1|2|3
		1|2
Push Button	string	'确定'
		'清除'

(2) 程序设计

图形界面的程序设计主要是编写各个功能按钮的回调函数,其详细的程序代码见本章附录 B,此处只列出 Push Button1 和 Push Button2 的回调函数。

% Push Button1 的回调函数
function pushbutton1_Callback(hObject, eventdata, handles)
N = str2num(get(handles.edit1,'string')); % 从 edit1 中获取经纱数 N

```
m = str2num(get(handles.edit2,'string'));  % 从 edit2 中获取层数 m
type = get(handles.popupmenu1,'value');  % 从 popupmenu1 中选择花纹类型
form = get(handles.popupmenu2,'value');  % 从 popupmenu2 中选择成形方法
[WDZ,WDS,k] = weaving(N,type,form,m); % 调用织造数据自动生成程序
set(handles.edit3,'string',num2str(k));  % 将 k 值显示在 edit3 中
set(handles.edit4,'string',num2str(WDZ));  % 将 WDZ 值显示在 edit4 中
set(handles.edit5,'string',num2str(WDS));  % 将 WDS 值显示在 edit5 中
% Push Button2 的回调函数
function pushbutton2_Callback(hObject, eventdata, handles)
% 将 edit3、4、5 中的数据清除
set(handles.edit3,'string','');
set(handles.edit4,'string','');
set(handles.edit5,'string','');
```

(3) 实例

图 2-39 是所设计的管状立体织物织造数据自动生成界面，在界面中输入管状立体织物的层数为 3，总经纱数为 324，花纹类型为平纹，成形方法为经垂法，单击确定按钮后得到织造数据。

图 2-39 三层管状立体织物的织造数据

因织造数据中组数据要重复很多次，为了使结果清晰，在图 2-39 中只显示了一组的数据，重复的次数以组数表达，最后不完全的数据称为剩余数据，它实际上包含簇差和空置不用的经纱数据（图 2-39 中没有空置的经纱，因为理论经纱恰好与实际经纱相等）。

2.6.5 变径管状织物织造控制算法的研究

第 2.5 节介绍的立体圆织机变径机构，是为适应织造直径可变的管状立体织物而设计的。变径的方法有离线变径和在线变径两种。离线变径是指机器在停车的时候改变尺码环

直径大小,适用于织出的管状织物的直径不随织物长度的变化而变化,这种管状织物称之为等径管状织物;在线变径则是机器在运行过程中,根据要求,通过控制程序调节尺码环大小,织出织物的直径随长度的变化而改变,这种管状织物则称之为变径管状织物。在线变径立体管状织物应用范围更广,下面将介绍在线变径的控制算法,而且是在织物纬密(每10cm长度的纬纱根数)保持不变的前提下。

1. 恒纬密变径控制算法

(1) RBF 网络对织物形状函数的逼近

变径管状织物的形状曲线是根据实际需求设计的,工程中通常是只给定若干个样本数据点,但为了后续的离散化处理,需将样本数据点外的数据补齐,因此首先需逼近这一曲线。

RBF 网络在进行函数逼近时,往往在网络设计之初并不指定隐层神经元的个数,而是在每一次针对样本集的训练中产生一个径向基神经元,并尽可能最大程度地降低误差,如果未达到精度要求,则继续增加神经元,直到满足精度要求或者达到最大神经元数目为止。这样避免了设计之初存在隐层神经元过少或者过多的问题。MATLAB 神经网络工具箱中提供了现成的各种所需的函数,编程者只需调用其中的函数即可,省去了繁琐的程序编制过程。

(2) 纬密不匀性分析

图 2-40 中画出了具有相同轴向长度的等径与变径两种管状织物的纬纱分布情况。细实线表示等径管状织物的经纱,粗实线表示变径管状织物的经纱,虚线表示纬纱,实心点表示组织点(经纱与纬纱的交织点)。

对于等径管状织物的织造,如果引纬梭子的转速与牵引速度均恒定不变,那么其纬密必然是均匀的;但是对于变径管状织物,情况并非如此。从另一个角度讲,组织点沿粗实线的运动速度 v_r 可以代表变径管状织物的纬密,组织点 A 的速度分析如图 2-40 所示,组织点的速度 v_r 可以表示为

$$v_r = v_a + v_c \quad (2-18)$$

式中,v_a 为牵引速度,它为恒值;v_c 为变径速度,它为变值。因此,组织点的运动速度 v_r 是变化的,即变径管状织物的纬密是变化的,如图 2-40 所示。

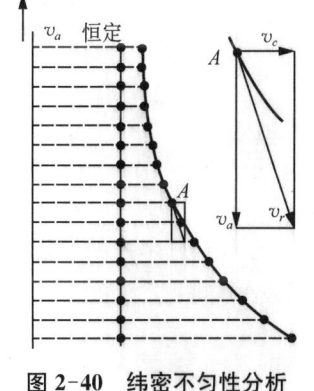

图 2-40 纬密不匀性分析示意图

值得注意的是,变径速度 v_c 是导致纬密不均匀的原因. 如果 $v_c=0$,那么 $v_r=v_a$,这就演变为织造等径管状织物时的情形。进一步分析不难发现,v_r 实际上也是经纱进给速度。因此可以得出一个结论:如果直径值不变,即 $v_r=v_a$,经纱进给速度与牵引速度相等;如果直径值变化,即 $v_r \neq v_a$,经纱进给速度将发生波动,且与牵引速度不相等。

(3) 恒纬密控制算法

上面已经证明,在变径时,如果牵引速度 v_a 恒定不变,织物的纬密将发生变化。反过来,为使织物纬密恒定不变,则牵引速度 v_a 应随时间发生改变,如图 2-41 所示。尽管 v_r 的数值是不变的,但是它的方向决定于 $f(l)$,所以 v_r 的方向是变化的,这导致牵引速度 v_a 也随时间而改变。

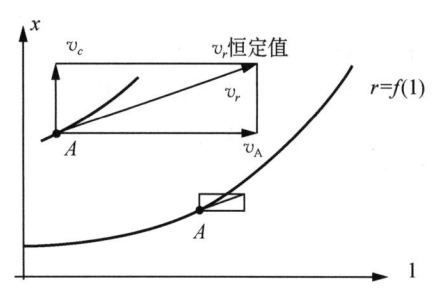

图 2-41 恒纬密研究示意图

令逼近后的织物形状函数为

$$r = f(l) \tag{2-19}$$

式中，r 为管状织物的变径，l 为管状织物的轴向长度。

为便于研究，将织物形状函数曲线离散化，即将 l 进行 n 等分，则步长为

$$h = \frac{L}{n} \tag{2-20}$$

式中，L 为织物总长度。

根据图 2-41 可得：

$$v_a^{(i)} = v_r \cos[\operatorname{atan}|f'(l^{(i)})|], \quad (i = 1, 2, \cdots, n+1) \tag{2-21}$$

式中，上标 i 为步数编号。

又根据纬密的定义可得：

$$v_r = \frac{100}{T_w d} \tag{2-22}$$

式中，T_w 为引纬周期；d 为纬密，即每 10 cm 纬纱根数。

将 (2-22) 式代入 (2-21) 式得：

$$v_a^{(i)} = \frac{100}{T_w d} \cos[\operatorname{atan}|f'(l^{(i)})|] \tag{2-23}$$

(2-23) 式中，只有 $f'(l^{(i)})$ 为未知的，其余参数都是给定的，因此需要求解 $f'(l^{(i)})$。由于 $f(l)$ 函数的解析式无法写出，因此可以采用数值微分法求其在各点的导数，由中心差商公式得：

$$f'(l_i) = \frac{f(l_i + h) - f(l_i - h)}{2h} \tag{2-24}$$

由 (2-24) 式可以计算出每个离散点的导数，只要等分间隔足够小，即可满足精度要求。

由于所要求的是牵引速度随时间的变化关系，因此需求出牵引速度 $v_a^{(i)}$ 各点所对应的时间 $t^{(i)}$。

各微段的线段长度为：

$$s_i = \sqrt{(l_{i+1} - l_i)^2 + (r_{i+1} - r_i)^2} \tag{2-25}$$

牵引速度 $v_a^{(i)}$ 各点所对应的时间 $t^{(i)}$：

$$t^{(i)} = \frac{s_1 + s_2 + \cdots + s_{i-1}}{v_r}, \quad t^{(1)} = 0 \tag{2-26}$$

至此已求得各成对点 $(t^{(i)}, v_a^{(i)})$，即牵引速度的时变曲线。

(4) 变径控制算法

从理论上讲，凸轮的沟槽曲线形状是可以根据设计者的要求任意变化的。但根据研究发现，可行的曲线形状只有直线和阿基米德螺旋线两种，两者各有优缺点。但是无论是直线还是阿基米德螺旋线，这两者造成的机构参数函数的表达式都是可以写出的。

设机构参数函数为

$$\theta = g(r) \tag{2-27}$$

将(2-19)代入(2-27)得

$$\theta = g[f(l)] \tag{2-28}$$

公式(2-28)已得到凸轮转角 θ 与织物长度 l 的关系，但是控制所需的是凸轮转角 θ 随时间的变化关系，各点对应的时间 $t^{(i)}$ 仍应用公式(2-25)和(2-26)进行计算。

2. 实例仿真

假设给定 11 个织物形状函数的样本数据，如表 2-3 所示。

表 2-3　织物形状函数样本数据

	1	2	3	4	5	6	7	8	9	10	11
l/mm	0	10	20	30	40	50	60	70	80	90	100
r/mm	20	24.33	27.64	28.76	28.41	27.81	28.16	31.40	39.18	49.26	60

机构参数函数为 $\theta = \dfrac{\pi}{135}(r-15)$，织物总长度 $L = 100\,\text{mm}$，纬密 $d = 88$ 根$/10\,\text{cm}$，引纬周期 $T_w = 6\,\text{s}$，等分数 $n = 1\,000$。

应用 MATLAB 神经网络工具箱中的 newrb() 函数快速构建一个径向基函数神经网络，并且网络根据输入向量和期望值自动进行调整，从而实现函数逼近，预先设定均方差精度为 0.000 1，散布常数为 100。显示频率为 1，最大神经元数目为 100。MATLAB 程序代码见本章附录 C。

织物形状函数的逼近效果如图 2-42 所示。牵引速度随时间的变化曲线如图 2-43 所示。凸轮转角随时间变化曲线如图 2-44 所示。

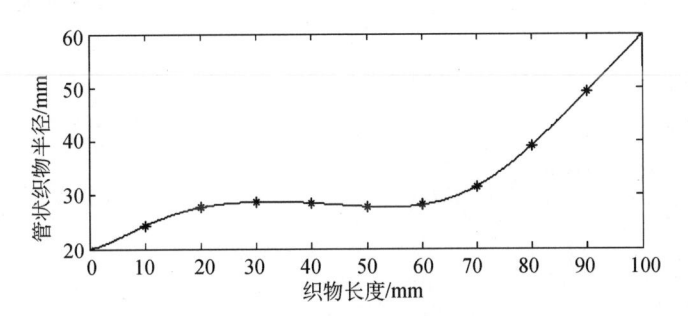

图 2-42　RBF 神经网络逼近织物形状函数的效果图

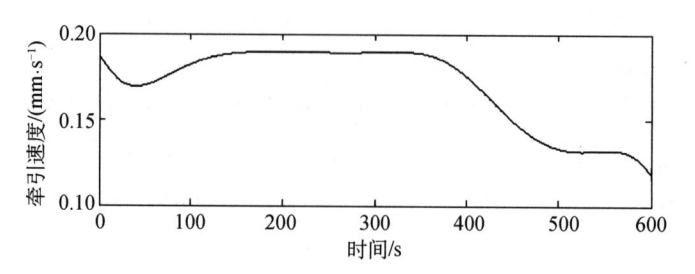

图 2-43　绝对牵引速度随时间的变化曲线图

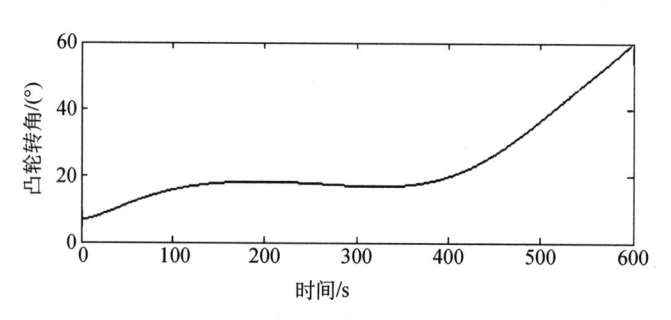

图 2-44　凸轮转角随时间变化曲线图

本 章 附 录

附录 A　管状立体织物织造数据自动生成程序代码

```
function [WDZ,WDS,k] = weaving(N,type,form,m)
%   管状立体织物织造数据的自动生成程序
%   N－实际经纱数
%   type－花纹类型(1－1/1平纹,2－1/2右斜纹,3－复合纹)
%   form－成形方法(1－纬向垂纱法,2－经向垂纱法)
%   m－层数
if(type= =1||type= =2)                        % 平纹和斜纹
for j=1:m
    for i=1:m
        if(i<=j)
            X0(i,j)=0;
        else
            X0(i,j)=1;
        end
    end
end
```

```
end                                             % 产生 X0
X1 = X0 + eye(m);                               % 产生 X1
Y0 = zeros(1,m);Y1 = ones(1,m);                 % 产生 Y0 和 Y1
if (form = = 1)                                 % 纬向垂纱法
    T0 = [X0;Y0];T1 = [X1;Y1];                  % 产生基相矩阵 T0 和 T1
    if (type = = 1)                             % 平纹
    T{1} = [T0 T1];T{2} = [T1 T0];t{1} = T0;t{2} = T1;
    k = fix((N/m - 1)/2);                       % 最大 k 值的确定
    disp('织造数据:');
    WVDT = [];
    for p = 1:2
        for q = 1:(m + 1)
            WD{p,q} = [];
            for r = 1:k
                WD{p,q} = [WD{p,q} T{p}(q,:)];
            end
            WD{p,q} = [WD{p,q} t{p}(q,:) zeros(1,(N - k * 2 * m - m))];
                                                %p 为圈号,q 为纬纱号
            disp(['第',num2str(p),'圈',',','第',num2str(q),'纬:']);
                                                % 织造数据输出
            disp(num2str(WD{p,q}));             % 织造数据输出
            WVDT = [WVDT;WD{p,q}];
        end
    end
    xlswrite('weavingdata.xls',WVDT');
    WDZ = WVDT(:,1:2 * m);
    WDS = WVDT(:,2 * m * k + 1:N);
    else                                        % 斜纹
    T{1} = [T0 T1 T1];
    T{2} = [T1 T0 T1];
    T{3} = [T1 T1 T0];
    t{1} = [T0 T1];
    t{2} = [T1 T0];
    t{3} = [T1 T1];
    k = fix((N/m - 2)/3);                       % 最大 k 值的确定
    disp('织造数据:');
    WVDT = [];
```

```
            for p = 1:3
                for q = 1:(m + 1)
                    WD{p,q} = [];
                    for r = 1:k
                        WD{p,q} = [WD{p,q} T{p}(q,:)];
                    end
                    WD{p,q} = [WD{p,q} t{p}(q,:) zeros(1,(N - k * 3 * m - 2 * m))];
                                                            % p 为圈号,q 为纬纱号
                    disp(['第',num2str(p),'圈',',','第',num2str(q),'纬:']);
                                                            % 织造数据输出
                    disp(num2str(WD{p,q}));                 % 织造数据输出
                    WVDT = [WVDT;WD{p,q}];
                end
            end
        xlswrite('weavingdata.xls',WVDT');
        WDZ = WVDT(:,1:3 * m);
        WDS = WVDT(:,3 * m * k + 1:N);
        end
    elseif (form = = 2)                                 % 经向垂纱法
        T0 = [X0 Y0'];T1 = [X1 Y1'];                    % 产生基相矩阵 T0 和 T1
        if (type = = 1)                                 % 平纹
            T{1} = [T0 T1];T{2} = [T1 T0];t{1} = T0;t{2} = T1;
            k = fix((N/(m + 1) - 1)/2);                 % 最大 k 值的确定
            disp('织造数据:');
            WVDT = [];
            for p = 1:2
                for q = 1:m
                    WD{p,q} = [];
                    for r = 1:k
                        WD{p,q} = [WD{p,q} T{p}(q,:)];
                    end
                    WD{p,q} = [WD{p,q} t{p}(q,:) zeros(1,(N - (k * 2 + 1) * (m + 1)))];
                                                            % p 为圈号,q 为纬纱号
                    disp(['第',num2str(p),'圈',',','第',num2str(q),'纬:']);
                                                            % 织造数据输出
                    disp(num2str(WD{p,q}));                 % 织造数据输出
                    WVDT = [WVDT;WD{p,q}];
```

```
            end
        end
        xlswrite('weavingdata.xls',WVDT');
        WDZ = WVDT(:,1:2*(m+1));
        WDS = WVDT(:,2*(m+1)*k+1:N);
    else                                        % 斜纹
        T{1} = [T0 T1 T1];
        T{2} = [T1 T0 T1];
        T{3} = [T1 T1 T0];
        t{1} = [T0 T1];
        t{2} = [T1 T0];
        t{3} = [T1 T1];
        k = fix((N/(m+1)-2)/3);                 % 最大k值的确定
        disp('织造数据:');
        WVDT = [];
        for p = 1:3
            for q = 1:m
                WD{p,q} = [];
                for r = 1:k
                    WD{p,q} = [WD{p,q} T{p}(q,:)];
                end
                WD{p,q} = [WD{p,q} t{p}(q,:) zeros(1,(N-(k*3+2)*(m+1)))];
                                                % p为圈号,q为纬纱号
                disp(['第',num2str(p),'圈',',','第',num2str(q),'纬:']);
                                                % 织造数据输出
                disp(num2str(WD{p,q}));         % 织造数据输出
                WVDT = [WVDT;WD{p,q}];
            end
        end
        xlswrite('weavingdata.xls',WVDT');
        WDZ = WVDT(:,1:3*(m+1));
        WDS = WVDT(:,3*(m+1)*k+1:N);
    end
else
    fprintf('对不起,您输入有误,请输入1(纬向垂纱法)或2(经向垂纱法)');
end
elseif (type = = 3)                             % 复合纹
```

```
for j = 1:m
    for i = 1:m
        if (i <= j)
            X0(i,j) = 0;
        else
            X0(i,j) = 1;
        end
    end
end
X0(1,1) = 1;X10 = X0;                              % 产生 X10
for j = 1:m
    for i = 1:m
        if (i <= j)
            X0(i,j) = 0;
        else
            X0(i,j) = 1;
        end
    end
end                                                % 产生 X0
X1 = X0 + eye(m);X1(1,1) = 0;X01 = X1;X1 = X0 + eye(m);    % 产生 X01 和 X1
Y0 = zeros(1,m);Y1 = ones(1,m);                    % 产生 Y0 和 Y1
if (form == 1)                                     % 纬向垂纱法
    T0 = [X0;Y0];
    T1 = [X1;Y1];
    T10 = [X10;Y0];
    T01 = [X01;Y1]; % 产生基相矩阵 T0、T1、T10 和 T01
    T{1} = [T0 T1 T10 T01 T10 T1];
    T{2} = [T10 T01 T10 T1 T0 T1];
    T{3} = [T10 T1 T0 T1 T10 T01];
    t{1} = [T0 T1];
    t{2} = [T10 T01];
    t{3} = [T10 T1];
    k = fix((N/m - 2)/6);                          % 最大 k 值的确定
    disp('织造数据:');
    WVDT = [];
    for p = 1:3
        for q = 1:(m + 1)
            WD{p,q} = [];
```

```matlab
            for r = 1:k
                WD{p,q} = [WD{p,q} T{p}(q,:)];
            end
            WD{p,q} = [WD{p,q} t{p}(q,:) zeros(1,(N-k*6*m-2*m))];
                                                % p为圈号,q为纬纱号

            disp(['第',num2str(p),'圈',',','第',num2str(q),'纬:']);
                                                % 织造数据输出
            disp(num2str(WD{p,q}));             % 织造数据输出
            WVDT = [WVDT;WD{p,q}];
        end
    end
    xlswrite('weavingdata.xls',WVDT');
    WDZ = WVDT(:,1:6*m);
    WDS = WVDT(:,6*m*k+1:N);
elseif (form == 2)                              % 经向垂纱法
    T0 = [X0 Y0'];T1 = [X1 Y1'];T10 = [X10 Y0'];T01 = [X01 Y1'];
                                                % 产生基相矩阵 T0、T1、T10 和 T01
    T{1} = [T0 T1 T10 T01 T10 T1];
    T{2} = [T10 T01 T10 T1 T0 T1];
    T{3} = [T10 T1 T0 T1 T10 T01];
    t{1} = [T0 T1];t{2} = [T10 T01];
    t{3} = [T10 T1];
    k = fix((N/(m+1)-2)/6);                     % 最大k值的确定
    disp('织造数据:');
    WVDT = [];
    for p = 1:3
        for q = 1:m
            WD{p,q} = [];
            for r = 1:k
                WD{p,q} = [WD{p,q} T{p}(q,:)];
            end
            WD{p,q} = [WD{p,q} t{p}(q,:) zeros(1,(N-(k*6+2)*(m+1)))];
                                                % p为圈号,q为纬纱号
            disp(['第',num2str(p),'圈',',','第',num2str(q),'纬:']);
                                                % 织造数据输出
            disp(num2str(WD{p,q}));             % 织造数据输出
            WVDT = [WVDT;WD{p,q}];
```

```
            end
        end
        xlswrite('weavingdata.xls',WVDT);
        WDZ = WVDT(:,1:6*(m+1));
        WDS = WVDT(:,6*(m+1)*k+1:N);
    else
        fprintf('对不起,您输入有误,请输入 1(纬向垂纱法)或 2(经向垂纱法)');
    end
else
    fprintf('对不起,您输入有误,请输入 1(1/1 平纹)或 2(1/2 右斜纹)或 3(复合纹)');
end
```

附录 B 管状立体织物织造数据自动生成系统的界面程序代码

```
function varargout = weavingdata(varargin)
gui_Singleton = 1;
gui_State = struct('gui_Name',        mfilename, ...
                   'gui_Singleton',   gui_Singleton, ...
                   'gui_OpeningFcn',  @weavingdata_OpeningFcn, ...
                   'gui_OutputFcn',   @weavingdata_OutputFcn, ...
                   'gui_LayoutFcn',   [], ...
                   'gui_Callback',    []);
if nargin && ischar(varargin{1})
    gui_State.gui_Callback = str2func(varargin{1});
end
if nargout
    [varargout{1:nargout}] = gui_mainfcn(gui_State, varargin{:});
else
    gui_mainfcn(gui_State, varargin{:});
end
function weavingdata_OpeningFcn(hObject, eventdata, handles, varargin)
handles.output = hObject;
guidata(hObject, handles);
function varargout = weavingdata_OutputFcn(hObject, eventdata, handles)
varargout{1} = handles.output;
function edit1_CreateFcn(hObject, eventdata, handles)
if ispc && isequal(get(hObject,'BackgroundColor'), get(0,'defaultUicontrolBackgroundColor'))
    set(hObject,'BackgroundColor','white');
```

```
end
function edit2_CreateFcn(hObject, eventdata, handles)
if ispc && isequal(get(hObject,'BackgroundColor'), get(0,'defaultUicontrol
    BackgroundColor'))
    set(hObject,'BackgroundColor','white');
end
function edit3_CreateFcn(hObject, eventdata, handles)
if ispc && isequal(get(hObject,'BackgroundColor'), get(0,'defaultUicontrol
    BackgroundColor'))
    set(hObject,'BackgroundColor','white');
end
function edit4_CreateFcn(hObject, eventdata, handles)
if ispc && isequal(get(hObject,'BackgroundColor'), get(0,'defaultUicontrol
    BackgroundColor'))
    set(hObject,'BackgroundColor','white');
end
function pushbutton1_Callback(hObject, eventdata, handles)
N = str2num(get(handles.edit1,'string'));
m = str2num(get(handles.edit2,'string'));
type = get(handles.popupmenu1,'value');
form = get(handles.popupmenu2,'value');
[WDZ,WDS,k] = weaving(N,type,form,m);
set(handles.edit3,'string',num2str(k));
set(handles.edit4,'string',num2str(WDZ));
set(handles.edit5,'string',num2str(WDS));
function edit5_CreateFcn(hObject, eventdata, handles)
if ispc && isequal(get(hObject,'BackgroundColor'), get(0,'defaultUicontrol
    BackgroundColor'))
    set(hObject,'BackgroundColor','white');
end
function edit6_CreateFcn(hObject, eventdata, handles)
if ispc && isequal(get(hObject,'BackgroundColor'), get(0,'defaultUicontrol
    BackgroundColor'))
    set(hObject,'BackgroundColor','white');
end
function edit7_CreateFcn(hObject, eventdata, handles)
if ispc && isequal(get(hObject,'BackgroundColor'), get(0,'defaultUicontrol
    BackgroundColor'))
```

```
    set(hObject,'BackgroundColor','white');
end
function pushbutton2_Callback(hObject, eventdata, handles)
set(handles.edit3,'string','');
set(handles.edit4,'string','');
set(handles.edit5,'string','');
function popupmenu1_CreateFcn(hObject, eventdata, handles)
if ispc && isequal(get(hObject,'BackgroundColor'), get(0,'defaultUicontrol
   BackgroundColor'))
    set(hObject,'BackgroundColor','white');
end
function popupmenu2_CreateFcn(hObject, eventdata, handles)
if ispc && isequal(get(hObject,'BackgroundColor'), get(0,'defaultUicontrol
   BackgroundColor'))
    set(hObject,'BackgroundColor','white');
end
```

附录 C 管状立体织物变径与恒纬密控制算法程序代码

```
L = 100;n = 1000;h = L/n;T = 600;
l = 0:10:L;
r = [20 24.334 27.638 28.761 28.412 27.805 28.155 31.396 39.179 49.256 60];
goal = 0.0001;
spread = 100;
mn = 100;
df = 1;
net = newrb(l,r,goal,spread,mn,df);
l1 = 0:h:L;
r1 = sim(net,l1);
% 数值微分法求织物形状函数的导数
for i = 2:n
    dr1(i) = (r1(i+1) - r1(i-1))/(2*h);
end
dr1(1) = 0.186;
% 计算织物形状曲线的长度
S = 0;
for i = 1:n
    s(i) = sqrt((l1(i+1) - l1(i))^2 + (r1(i+1) - r1(i))^2);
    S = S + s(i);
```

```
end
vr = S/T;
for j = 1:n
    va(j) = vr * cos(atan(abs(dr1(j))));
end
va(n + 1) = 0.118;
t = 0:T/n:T;
subplot(3,1,1)
plot(l,r,' * ',l1,r1);grid on;
subplot(3,1,2)
plot(t,va);grid on;
subplot(3,1,3)
plot(t,180/135 * (r1 - 15));grid on;
```

本章参考文献

[1] 周申华.轻质高强复合材料的三维管状织物圆织法组织研究及其开口引纬机构的设计[D].上海:东华大学,2011.

[2] 黎想. 碳纤维管状立体织造装备中引纬驱梭机构的设计与分析[D].上海:东华大学,2008.

[3] 周申华,单鸿波,孙志宏,等. 立体管状织物的三维圆织法成型[J].纺织学报,2011,32(7):44-47.

[4] 孙志宏,周申华,等. 复合材料立体管状结构件的纺织成形装置及其方法:201010260981.5[P].2010-08-24.

[5] 冉丹,刘家强,周申华,等.管状三维机织物的交织方法分析[J].东华大学学报(自然科学版),2012,38(4):386-389.

[6] 冉丹.碳纤维立体管状织造的开口原理及开口机构的研究与开发[D].上海:东华大学,2012.

[7] 孙志宏,周申华,等.复合材料立体管状结构件的纺织成型装置及其方法:CN101949077A[P]. 2011-01-19.

[8] 孙志宏,周申华,黎想,等.一种圆形导梭滚道装置:CN102634915A[P]. 2012-08-15.

[9] 孙志宏,周骏彦,周申华,等. 一种电磁控制的圆织机开口机构:CN102268761A[P]. 2011-12-07.

[10] ZHOU S H, SUN Z H, LI X, et al. The study of circular jacquard method for 3D tubular fabric[C]. The 12th Asian Textile Conference (ATC-12),2013.

[11] LI X, SUN Z H, ZHOU S H, et al. The innovative design of circular loom based on integration of axiomatic design and design structure matrix[C]. International Conference on Machinery, Materials Science and Engineering Applications 2014(MMSE2014), 2014.

[12] SUN Z H, ZHOU S H, MAO L M, et al. A novel design of shedding wheels for 3D circular loom[J]. Journal of Donghua University (English Edition), 2011(5): 481-484.

[13] 李志瑶,刘家强,周其洪,等.一种新的管状立体织物组织研究方法——基相生成法[J]. 东华大学学报(自然科学版),2013,39(2):159-163.

[14] 叶小鹏. 管状立体织机的卷取及变径控制机械系统设计研究[D].上海:东华大学,2013.

[15] 毛立民,叶小鹏,孙志宏. 管状织物动态变径控制机构研究[J].上海纺织科技,2013(4):60-62.

第三章
编织法生产管状立体织物的原理及装备

在生活中,编织结构随处可见,如图 3-1 所示的辫子、草绳、鞋带、花边等都是编织结构。编织工艺是一种通过沿织物成形方向的三根或多根纱线(纤维束)按照一定规律连续倾斜交叉交织在一起,而获得更厚、更宽或强度更高的细长织物(鞋带、绳索)、壳状织物(花边)或实体结构织物(立体编织物)的过程。

(a) 辫子　　　(b) 玉米叶编织的绳子　　　(c) 鞋带　　　(d) 花边

图 3-1　常见编织物

传统的编织主要是通过手工完成的,如图 3-2 所示,操作者按照一定的规律控制每根纱线的走向,最终形成编织物。1748 年,第一个编织机设计专利在英国曼彻斯特发布,随后在 1767 年,德国巴门诞生了第一台编织机。这些编织机都只能编织单层织物,因此称为二维编织物。在工程上,根据编织物尺寸关系,分类成 1D(dimension)编织物(绳、带、电缆等长径比较大的织物)、2D 编织物(单层片状织物或单层管状编织物)、3D 编织物(厚度、宽度和高度方向上都具有一定尺寸的编织物)。3D 编织物的横截面形状和尺寸可以是恒定不变的,也可以是变化的。

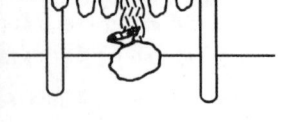

(a) 比利时妇女手工编织花边　　　　　　(b) 管状织物编织

图 3-2　传统编织方法

随着纤维材料和通讯技术的发展,二维编织机逐渐运用到电缆屏蔽层(图3-3)的编织和复合材料增强体的成形过程中。原本用于编织物编织的小型低速二维编织机逐渐发展成多携纱器、可编织大直径管件的大型高速编织机。此外,编织机还可通过引入轴纱,形成了编织纱与轴纱共存的三轴向编织物,提升了编织物的轴向性能,进一步拓展了编织物的应用范围。

本章将首先介绍编织机的分类,然后围绕旋转式编织工艺,介绍其编织原理、携纱器的排布规律及防干涉理论、编织机关键零部件的构造和作用,最后介绍采用三维编织技术生产旋转体立体织物的方法和设备。

图3-3 编织的电缆屏蔽层

3.1 编织机的分类

编织机的分类方法有很多,通常可以根据机器的编织模块与牵引模块之间的空间位置,携纱器运行的轨迹形状,携纱器的驱动形式或携纱器轨道的变化形式等进行分类。

3.1.1 按编织模块与牵引模块的空间位置分类

根据编织模块与牵引模块之间的空间位置关系,编织机分立式编织机、卧式编织机和径向编织机三种。

1. 立式编织机

立式编织机中,轨道盘水平放置,携纱器在运行的过程中总是保持竖直状态(图3-4),携纱器的自转和公转都是在水平面内进行,编织好的织物沿竖直方向被引离编织点。立式编织机可携带的锭数比较少,织物成形速度较快,多用于编织平带、绳缆以及电线金属屏蔽层等织物。

(a) 法国斯彼乐立式编织机　　(b) 立式编织机的轨道盘

图3-4 立式编织机

2. 卧式编织机

卧式编织机(图 3-5)实际上就是将立式编织机放倒,轨道盘轴线和携纱器轴线都水平放置,携纱器的自转和公转都是在竖直的平面内进行。与立式编织机相比,卧式编织机上添加芯轴更加方便,因此不仅可编织绳缆、细管织物,还可以用于具有复杂形状立体织物的编织,只要增加一个芯模即可。

图 3-5　法国斯彼乐卧式编织机 　　　图 3-6　HERZOG 径向编织机

3. 径向编织机

径向编织机(图 3-6)的轨道盘是竖直放置的圆柱环,轨道槽开在圆柱环内表面,所有携纱器在运行时都指向圆柱的轴线。这种布置形式能够有效地缩短收敛区长度,只通过一个张力装置就可以实现纱线张力调节,纱线间的摩擦较小,断纱率非常低。

3.1.2　按携纱器的运行轨迹分类

按照携纱器的运行轨迹,编织机可分为旋转式编织机和直动式编织机。

1. 旋转式编织机

旋转式编织来源于"Maypole"编织工艺,其携纱器的运动就像在欧洲流行的 Maypole 舞蹈(图 3-7)。舞蹈过程中,每个舞者牵引一根纱线围绕着中间的柱子跳舞,纱线的另一端

图 3-7　Maypole 舞蹈

固定在柱子上。其中一半的舞者顺时针跳,而另一半舞者逆时针跳,中间的柱子就慢慢地从上往下被纱线覆盖。在编织工艺中,中间的柱子称作模具。现在这种编织原理被用在碳纤维、玻璃纤维等复合材料预制体的生产。在自动化编织机械上,携纱器的运动是由叶轮推动,而携纱器的运动轨迹则由轨道盘决定(图 3-8)。叶轮是一种具有若干槽口的零件(又叫拨盘),编织过程中,叶轮的转动驱使携纱器在轨道的引导下运动,纱线在携纱器的牵引下交织形成织物。

基于旋转式编织原理发展出多种编织工艺和设备,图 3-9 是一种旋转式管状立体织物的编织机。Tsuzuki、3TEX、Herzog 和六角形编织机,都是基于旋转式编织原理发展起来的,其主要区别是携纱器在相邻叶轮交汇处的转移方式不同,关于携纱器的转移方式之间的区别将在第 3.1.3 节介绍。

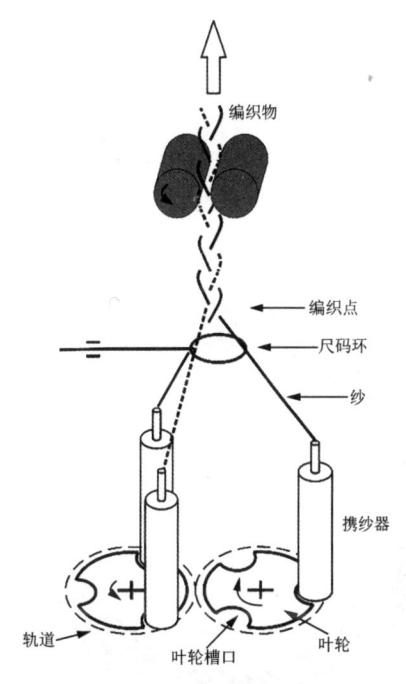

图 3-8　旋转式编织原理

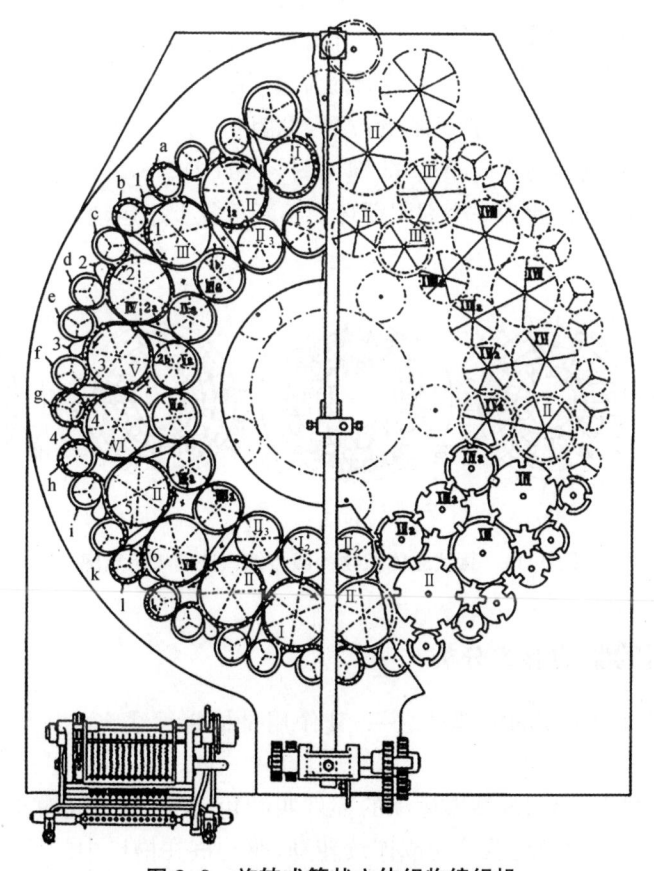

图 3-9　旋转式管状立体织物编织机

2. 直动式编织机

直动式编织机中，携纱器的每次动作都是一个直线段。在一个编织周期中，携纱器的运动有二步法和四步法两种，即每个携纱器经过二次或四次直线运动完成一个编织循环。根据最终编织物的结构需要，直动式编织的携纱器排布形式有纵横式（笛卡尔编织——Cartesian braiding）和圆形排布。

在携纱器以圆周排布的直动式编织机上，可生产柱状或管状立体织物。

图 3-10 所示的二步法圆形编织，预先将轴纱沿圆周方向进行排布，然后使携纱器按一定规律在轴纱所组成的圆环内外穿行，即编织纱由圆外部移动到圆内部，随后又从圆内部移动到圆外部，从而完成二步编织法的两步动作循环，将轴纱束紧后形成织物。

四步法圆形编织原理如图 3-11 所示。载纱器分布在圆形平面内若干个环上，每个环内的携纱器数相同，而且从最内部圆环到最外部圆环上的携纱器沿半径方向成直线排列，见图 3-11(a)。编织时，携纱器是运动四步完成一个编织循环。第一步，沿径向相邻排列的携纱器相互反向沿径向移动一个携纱器的位置，见图 3-11(b)；第二步，在不同圆周环的携纱器相互反向在周向移动一个携纱器的位置，见图 3-11(c)；第三步与第一步的运动方向相反；第四步与第二步的运动方向相反，分别见图 3-11(d)、(e)。经过四步运动后携纱器线又回到了原来的分布状态，此为一个编织循环。不断重复上述运动，纱线将相互交织而形成管状立体织物。

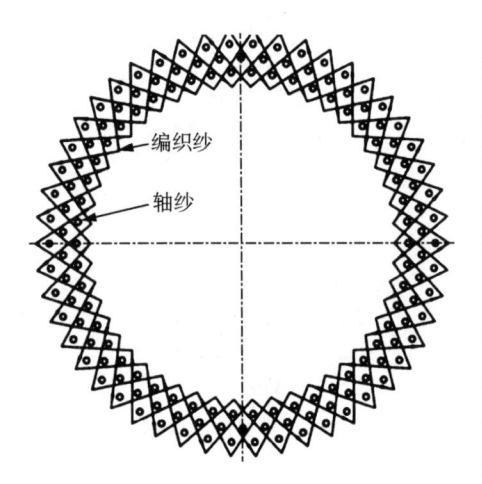

图 3-10 二步法圆形编织携纱器的运行

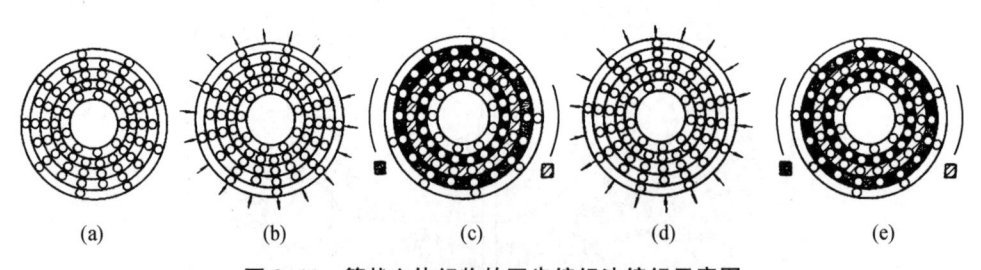

图 3-11 管状立体织物的四步编织法编织示意图

3.1.3 按携纱器的驱动形式分类

携纱器是编织机中重要的零部件之一，其作用是携带纱线完成编织动作，从而形成编织物。

在旋转式编织机上，驱动携纱器运动的部件叫叶轮，又叫角轮或槽轮，是具有若干槽口的盘类零件。绕自己的轴线间歇转动或连续转动，驱动嵌在槽口中的携纱器运动。直线式编织机中，因为携纱器是成组（行或列）做直线运动，因此其驱动形式比较简单，用气动或机械式传动都可以。本章将主要介绍旋转式编织的原理及关键技术。

如图 3-12(a)所示的 Tsuzuki 三维旋转编织底盘，叶轮的中心距小于半径之和，因此两个叶轮之间有重叠部分，将这部分从叶轮中挖掉，换成携纱器的底座。在编织过程中，相邻行(或列)的叶轮交替转动，且转向相反，以此来驱动携纱器到达下一个位置，完成编织。图 3-12(b)是 Mungalov 提出以圆柱形轨道面板编织变截面织物的方法。

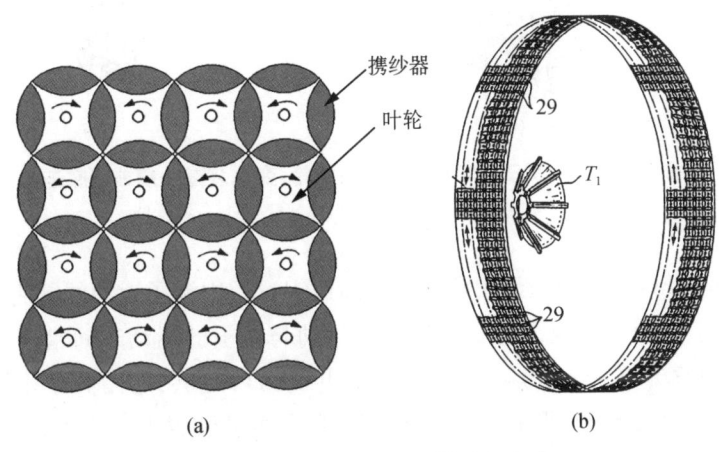

图 3-12　Tsuzuki 三维旋转编织底盘

2002 年 Mungalov 和 Bogdanvich 等人在 Tsuzuki 的基础上，为充分利用每个叶轮的槽口及编织底盘的尺寸，使纱锭的数量增加，发明了另外一种 3TEX 旋转编织设备，如图 3-13 所示。其叶轮的中心距略大于叶轮半径之和。同样，在叶轮交汇处两个叶轮上各挖去一部分，而加入一个可旋转的变轨装置，变轨装置的转动中心位于叶轮连心线的中点。编织时，所有叶轮同时转动，每转动 90°后会暂时停止，此时，携纱器运动到变轨装置上，等待变轨装置旋转 180°将相邻两个叶轮上携纱器的位置进行交换后，叶轮再继续转动。图 3-14 是 3TEX 编织机上叶轮、变轨装置和携纱器底座之间的关系图。

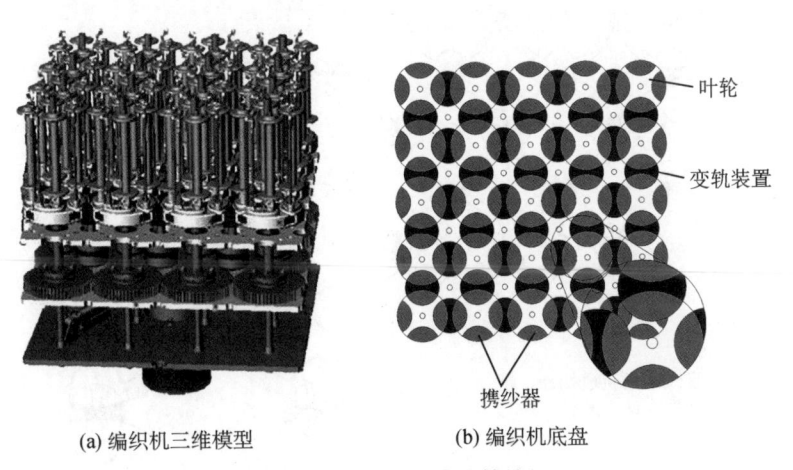

(a) 编织机三维模型　　(b) 编织机底盘

图 3-13　3TEX 三维旋转编织

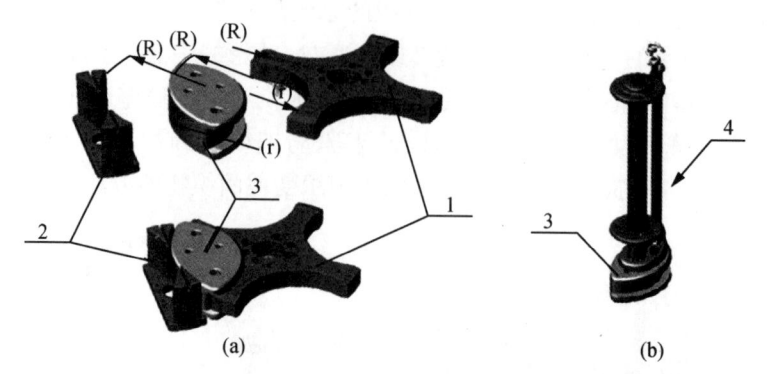

图 3-14 3TEX 三维旋转编织机的叶轮、变轨装置和携纱器底座
1—叶轮（拨盘）；2—变轨装置；3—锭座；4—携纱器

Laourine 和 Schneider 为了最大限度地提高编织过程中锭子运动的灵活性，提升编织速度，以及拓展可编织物种类，提出将变轨转盘的运动与锭子的运动时间错开，以实现锭子运动轨迹变换；后由赫尔佐格公司利用此原理制出了两台旋转式三维编织设备，并命名为 Herzog 式编织机，如图 3-15 所示。与 3TEX 不同，其变轨装置上有两条圆弧曲线和两条交叉直线，作用是控制携纱器在叶轮交汇处的运行方向。当交叉的直线与两边轨道相接时，在交汇处，携纱器将从原先的叶轮转移到对面的叶轮，而如果是圆弧曲线与两边轨道相通，携纱器仍在原先的叶轮控制下做圆弧运动。该设备在编织过程中叶轮连续旋转，不需要静间等待携纱器在叶轮之间转移的时间，故编织效率高，但其携带的携纱器数也比 3TEX 编织机减少了一半，目的是避免运动过程中锭子的干涉。

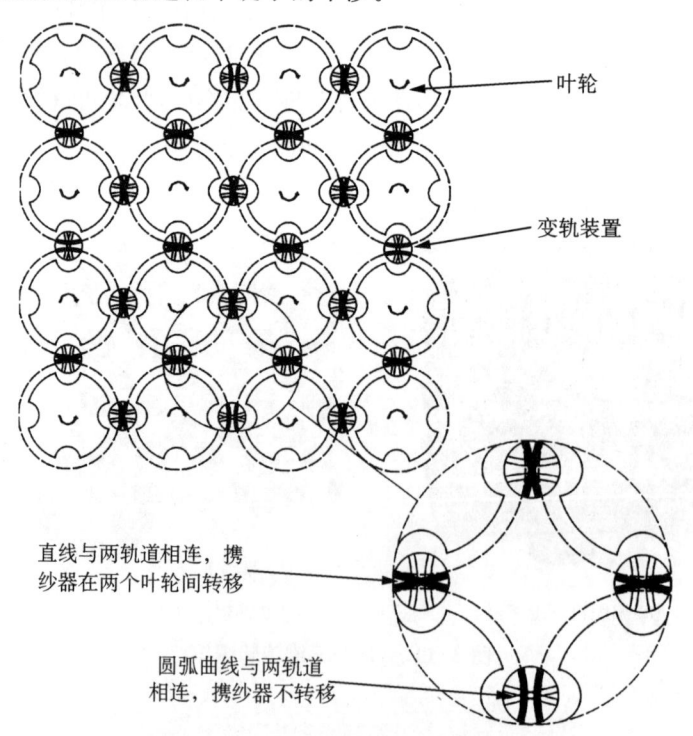

图 3-15 Herzog 旋转三维编织机底盘

加拿大的英属哥伦比亚大学和德国的亚琛工业大学发明了六角形三维编织机，他们将三个直径相等的圆两两相交布置，三个圆心的连线构成等边三角形，然后将两个圆的相交部分去除，用锭子代替，圆的剩余部分作为叶轮拨动锭子。图3-16(a)是第一代六角形三维编织机，图3-16(b)是第二代六角形编织机，其在第一代的基础上将圆的中心距增大，在叶轮间放置两个锭座，锭座放在一主动运动的变轨转盘上，这样，携纱器的数目翻倍。相比于前面三种旋转编织设备，这种编织设备最大的优点在于，携纱器的数目大量增加，编织工艺相对更灵活。但其编织运动还是步进式，生产效率较低。

(a) 第一代

(b) 第二代

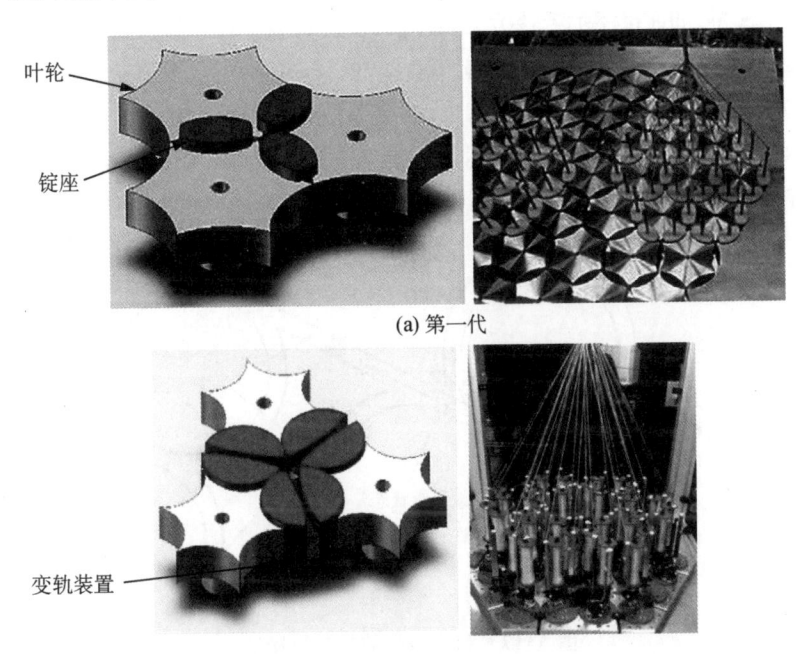

图 3-16 六角形编织工艺

上述四种立体编织机都是采用旋转式叶轮拨动携纱器运动，只是携纱器的转移形式不同，表3-1是四种旋转式三维编织工艺的比较。

表 3-1 四种旋转式编织工艺的比较

设备类型	运行方式	编织速度	纱线密度	可编织物种类
Tsuzuki	步进	低	中等	定、变截面
3TEX	步进	低	高	定、变截面
Herzog	连续	高	中等	定、变截面
六角形编织	步进	较高	高	定、变截面

3.1.4 按携纱器运行轨迹的变化情况分类

旋转式编织机中，如果在一台设备上固定生产一种织物，则所有携纱器的运行轨迹是固定不变的，因此轨道盘的形状也是确定的。设备加工好后，携纱器在轨道槽内周而复始地运行，牵引纱线编织成所需要的立体织物。而有的旋转式编织机，相邻轨道需要根据织物组织要求进行联通或断开变换，因此，在生产过程中必须借助于辅助装置实现轨道重组或拼接，这种装置通常叫做轨道变换装置（switch）。有了轨道变换装置之后，轨道的形式可以灵活多变，在一台编织设备上可以生产不同形状的立体织物，编织机的利用率得到提高。

1. 舌状轨道变换装置

最早将轨道拼接法应用于编织领域的是日本学者 Akiyama 等人，他们对传统的二维编织设备的轨道进行了改进，即通过添加舌状拨叉和连接轨道，将多个锭子轨道拼接起来形成各种异形轨道，以此来满足各种异形截面预制件的编织需求。拨叉具有两个工作状态控制携纱器的运动轨迹；而连接轨道的作用是将多个轨道拼接起来，形成各种连接形式的轨道。如图 3-17 所示，假设圆形黑点表示携纱器，当拨叉处于工作状态 2（连通状态）时，携纱器由原轨道进入连接轨道，进而至新轨道；当拨叉处于工作状态 1（断开状态）时，携纱器只能在原轨道上运动。

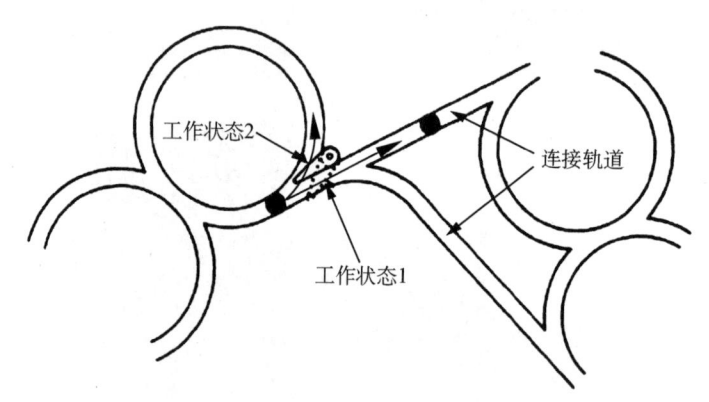

图 3-17　利用拨叉的轨道拼接法

2. 盘状变轨装置

Herzog 立体编织机则是在两个叶轮交汇处添加一个可绕自身轴线旋转的变轨转盘，并通过单独控制变轨转盘的状态实现各种形状编织轨道拼接，最终实现对各种形状织物的编织。图 3-18 是变轨转盘的工作原理。图（a）表示相邻轨道连通，图（b）表示相邻轨道不通，将（a）和（b）合成在一个构件上就是变轨转盘（c 和 d），这两组轨道错位 90°，编织时根据需要控制变轨转盘与轨道的链接状态，从而控制携纱器是在叶轮之间转移还是保留在原来的叶轮上。

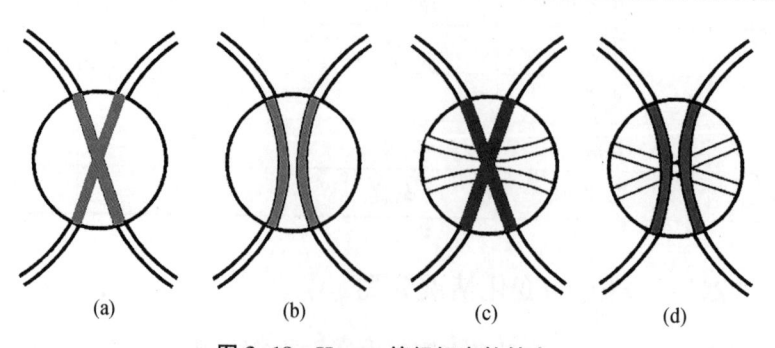

图 3-18　Herzog 编织机变轨转盘

3.2 旋转式编织原理简介

传统的旋转式编织机主要是由轨道盘、传动机构、牵引机构、编织机构组成,如图 3-19 所示。工作台面沿圆周方向均匀分布有圆形沟槽,圆形沟槽两两相切,形成 8 字形轨道。每个圆形沟槽配置一套齿轮与叶轮装置。每个叶轮上装有 2 个携纱器,其运动方向相反,分别为顺时针和逆时针,形成两组沿着轨道相互反方向运动的携纱器。编织时,两组携纱器相互交织,形成编织物。根据编织覆盖率的要求,牵引机构以设定的速度匀速地牵拉编织物。

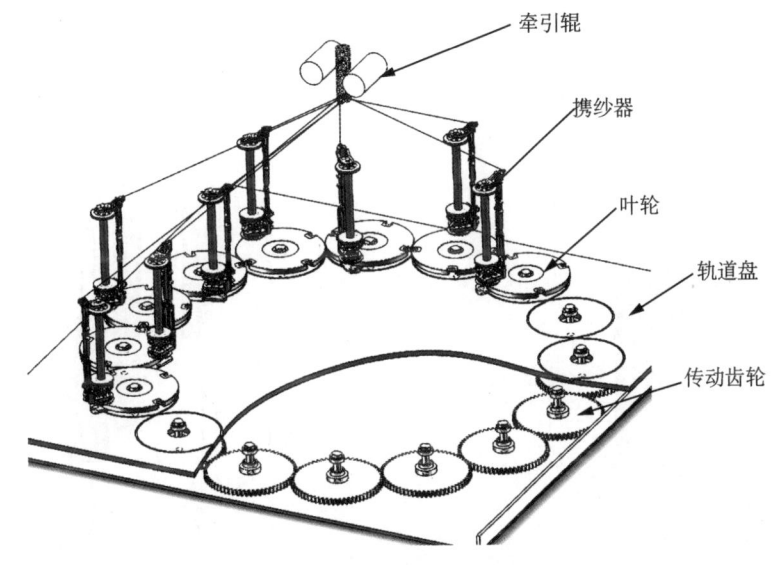

图 3-19 旋转式编织机的组成

3.3 编织机的关键零部件

3.3.1 携纱器

携纱器是编织机中最重要的部件之一,其担负着许多功能,设计和制造要求较高。携纱器装在锭座上,随锭座和锭刀沿轨道槽运动,携纱器上装载着纱管。为了保证编织物的性能稳定和外观平整,编织过程中所有携纱器上释放的纱线应具有基本一致的张力,且张力恒定,因此,随着编织点与携纱器之间距离的变化,携纱器要实时放出纱线和收回多余的纱线。另外,携纱器还必须能够检测到在编织过程中的断纱现象,并使机器停止运行。

根据纱线收放及张力控制方式不同,携纱器有重力平衡式、滑块平衡式和杠杆平衡式几种,下面逐一介绍它们的工作原理。

1. 重力平衡式携纱器

重力平衡式携纱器是利用一个或两个配重块产生纱线张力并保持其恒定。在重力的作用下,配重块会向下移动,将已退出纱管外的多余纱线储存起来。如图 3-20 所示,顶部带有牙齿的纱管通过纱管转换器安装在携纱器上,纱管止动杆的头部嵌在纱管顶部的牙齿之间。该固定杆是通过纱线张力或携纱器内弹簧力压在齿上,防止编织过程中纱管自由旋转,从而保证纱线的一端是固定的。纱线从纱管上退绕下来后,穿过固定杆中间的纱眼,将外层配重块挂在上面,如图 3-21 所示。如果携纱器与编织点之间的距离增大,则需要更多的纱线,此时,在纱线张力的作用下拉起外部配重块,释放纱管外部储存的纱线。当这些纱线全部用完后,内部配重块被提升,补偿长度的差异。全部纱线储备用完后,纱线张力增大,内部配重块继续上移,将纱管止动杆顶起,从而释放纱管,纱管旋转并释放更多的纱线,直到内部配重块使纱管止动杆下降,再次锁止纱管。外部的配重块通常轻于内部的配重块,从而弥补了最初纱线长度。

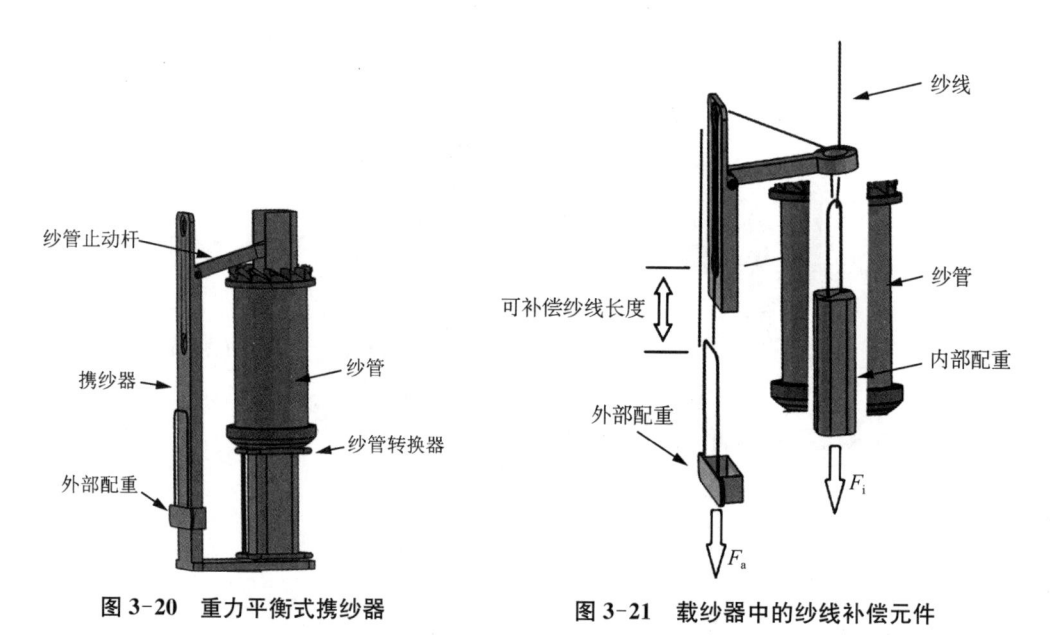

图 3-20 重力平衡式携纱器

图 3-21 载纱器中的纱线补偿元件

由于配重块的重量是一定的,且不随携纱器位置的变化而变化,因此纱线张力在编织过程中不发生改变。配重大小可以通过增加或减少质量块进行调整,因此可以方便、快捷和非常精确地调整纱线张力。但这一优势只能运用于低速、竖直放置的携纱器。对于水平放置或悬挂式携纱器,因为纱管的方向改变了(径向编织),所以重力平衡式携纱器不再适合。此外,重力平衡式携纱器也不能用于运行速度较高的编织机。

图 3-22 所示是另一款重力平衡式携纱器,用一根刚度系数较低的拉簧替代了内部配重。

2. 滑块平衡式携纱器

滑块平衡式携纱器与重力平衡式携纱器的工作原理相同,唯一的区别是滑动元件的运动由导向杆精确引导,而不像重力平衡式携纱器那样,配重块简单地悬挂在空间。图 3-23 所示的滑块平衡式携纱器,其平衡力由一压簧产生。弹簧压在滑块上,直接将力传递给纱线。这种平衡方式节省空间,而且适用于大尺寸携纱器,编织效率更高。滑块由两个导向杆引导,保证其运动更加顺畅稳定。随着携纱器与编织点之间距离的缩短,纱线张力下降,在压簧的

(a) 剖视图　　(b) 外部视图　　(c) 配重滑块

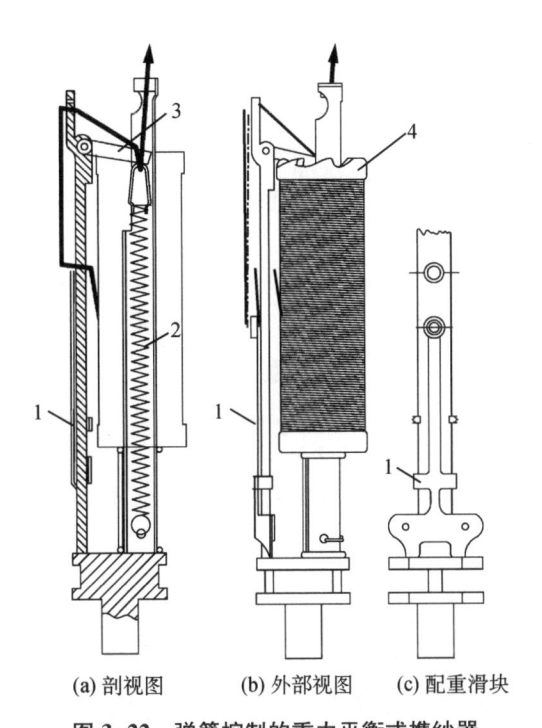

图 3-22　弹簧控制的重力平衡式携纱器

1—外部配重；2—内部弹簧；3—纱管止动摆杆；4—纱管

作用下推动滑块下移，直至弹簧力和纱线张力达到新的平衡。若补偿区内纱线用尽，滑块上移到顶端，接触到纱管止动杆并将其抬起。止动杆上的卡爪与纱管转接头脱离接触，纱管在张力的作用下自由旋转并释放出足够长度的纱线，如图 3-24 所示。

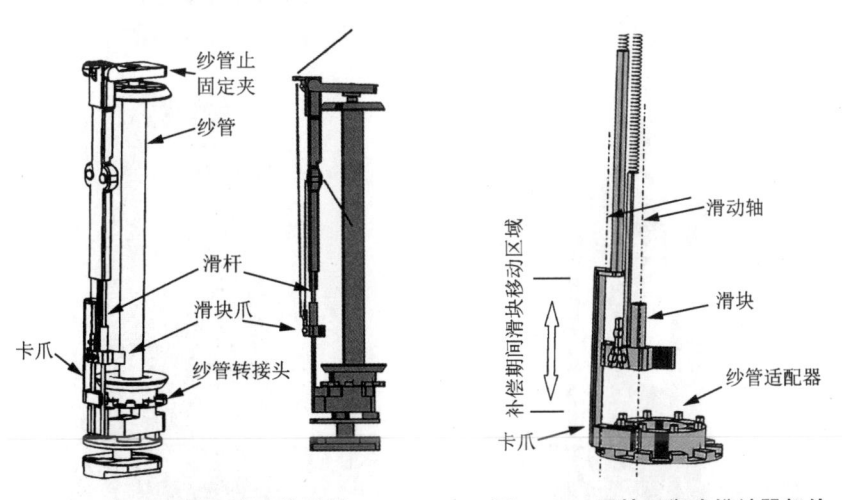

图 3-23　滑块平衡式携纱器　　**图 3-24　滑块平衡式携纱器部件**

图 3-25 显示了滑块平衡式携纱器的工作原理。在纱线张力的作用下，滑块向上滑动，带动止动杆上的卡爪脱离纱管的头部，纱管可以自由旋转直到从纱管上释放出足够长度的纱线。此时纱线张力下降，弹簧推动滑块下移，止动杆也随之向下移动，其卡爪嵌入纱管转接头的齿间并将纱管锁止。

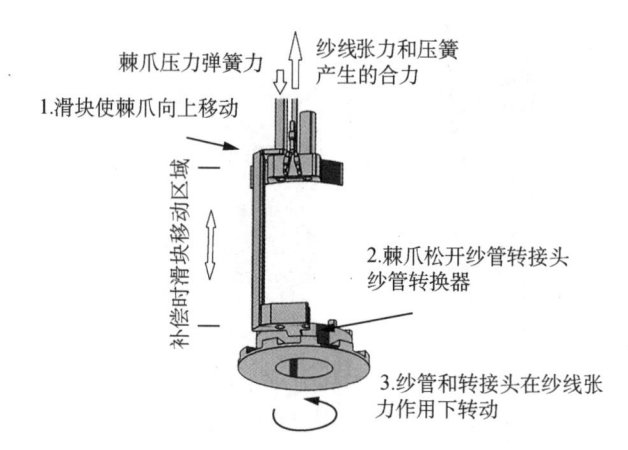

图 3-25 滑块平衡式携纱器工作原理

滑块平衡式携纱器具有以下优点：
(1) 与杠杆平衡式相比，占用空间更小；
(2) 连接构件受力更小（杠杆在连接处传递较大的力）；
(3) 有更大的空间容纳更大的纱管。

因此，滑块平衡式携纱器通常用于中型到超大型编织机。图 3-26 是一种粗大型绳缆编织机上的滑块平衡式锭子，其编织纱（这里一般是"绳"）上的张力可达几千牛。

滑块平衡式携纱器也有缺点，对于非常细的纱线和精细的材料，滑块在滑动过程中对纱线的摩擦力比杠杆平衡式携纱器要大，有可能会达到纱线的断裂强度，从而引起纱线的塑性变形，而且对于这类材料，纱线张力调节的精度也不够。因此在这种情况下，通常使用杠杆平衡式携纱器。

图 3-26 德国 HERZOG 公司的滑块平衡式携纱器

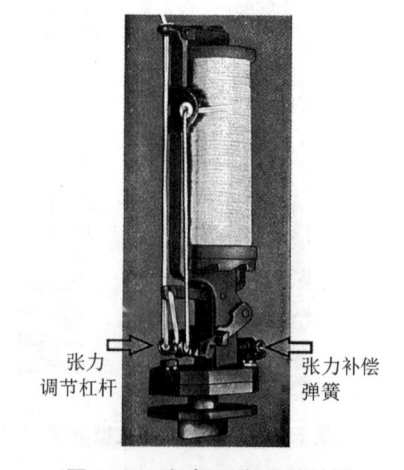

图 3-27 杠杆平衡式携纱器

3. 杠杆平衡式携纱器

杠杆平衡式携纱器是利用杠杆将弹簧力传递给纱线（图 3-27），弹簧力不依赖于携纱器的方向，摆脱了重力平衡式携纱器使用的平衡重物。图 3-28 是典型的杠杆平衡式携纱器的内部结构。纱线张力弹簧位于携纱器内部并在下端连接一圆柱形卡爪，卡爪上固结有圆柱销，该圆柱销插在张力调节杠杆的长槽内，弹簧力迫使杠杆绕其转动支点逆时针旋转，并通过金属丝拉动纱线使之张紧。由于杠杆的放大作用，纱线上很小的张力就可以平衡掉弹簧力。

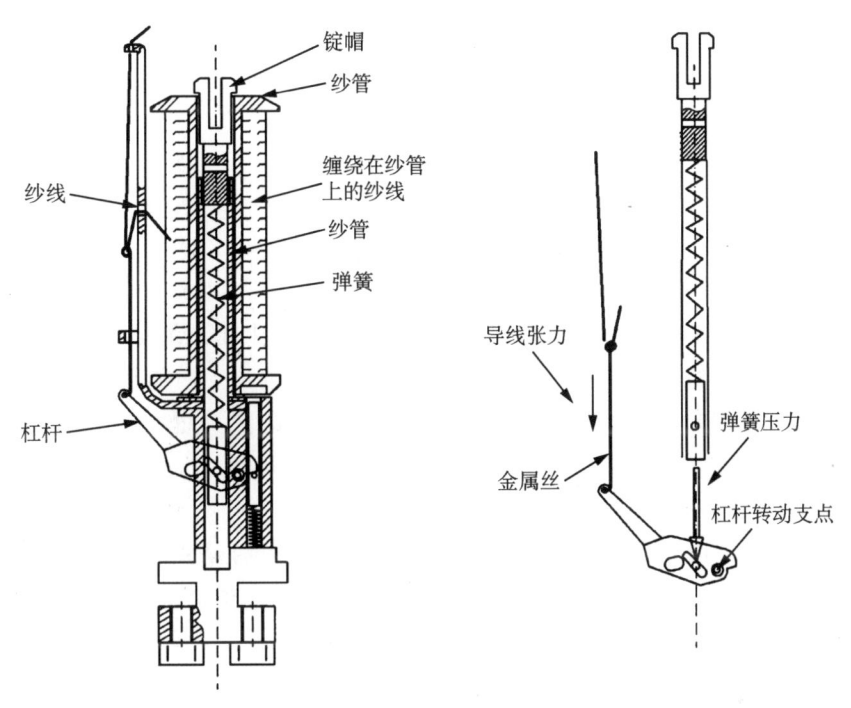

图 3-28　杠杆平衡式携纱器内部结构

如图 3-29 所示，如果储备的纱线被用完，纱线张力增大，拉动杠杆顺时针摆动，左侧头部被拉到最上部位置，右侧头部压在纱管止动销上的突起，使其从纱管下面的槽口内抽出（图 3-30），于是纱管可自由旋转并释放一定长度纱线。随着纱线的释放，杠杆逆时针旋转，杠杆作用在纱管制动销上的力减小，止动销在其下部弹簧的作用下向上运动，直至重新插进纱管底部的槽口使纱管停止旋转。

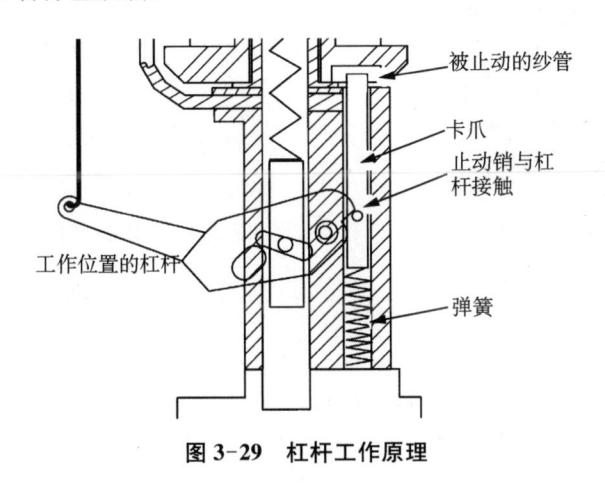

图 3-29　杠杆工作原理

图 3-30　卡爪与纱管脱离

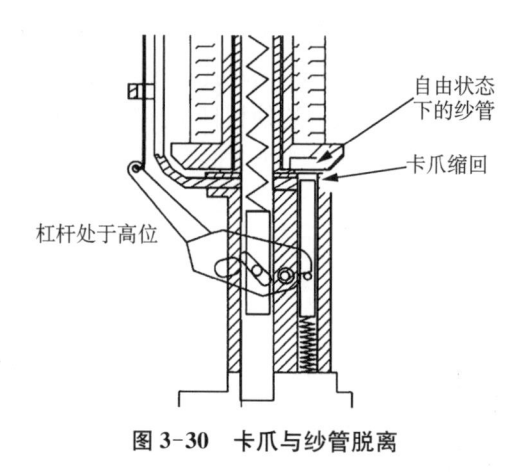

杠杆平衡式携纱器是编织机中最常用的携纱器,其纱线上张力不是很高,可编织较细的纱线。而且这类携纱器结构简单,工作方向适应性强。通过改变弹簧刚度就可改变纱线的张力大小,携纱器生产厂通常配有五到十种不同刚度的弹簧,以满足给定携纱器的整个工作范围的纱线张力。

4. HP 携纱器

HP(Herzog Patent 的首字母缩写)携纱器是一种具有特殊结构的携纱器(图 3-31),用于高速编织机。为了节省空间,纱线补偿系统安装在携纱器的顶部,这种携纱器携带纱管的尺寸可以非常巨大,降低了更换纱管的频率。

图 3-31　两种不同尺寸纱管的 HP 携纱器

图 3-32　HP 携纱器的纱线补偿系统

HP 携纱器的纱线补偿系统仍然使用了杠杆和弹簧(图 3-32),只是弹簧是片式弹簧。不仅纱线张力可以使杠杆顺时针摆动,运行过程的离心力也可以使杠杆顺时针摆动,因此可以编织非常精细的纱线。纱管通过转接头与纱管制动装置相连(图 3-33)。其制动装置也进行了改进,使很细的纱线产生的张力也可以让大型纱管停止。

图 3-33 HP 携纱器的纱管底部和具有制动器的功能转接头

HP 携纱器在编织机上应用不是很广泛,主要缺点是噪音大和纱线张力的调节能力有限。另一个原因是,纱管的更换不像传统携纱器那样方便。

3.3.2 叶轮

叶轮的作用是为携纱器的运动提供动力,相邻的叶轮通过槽口对接,完成携纱器的转移。叶轮型号主要根据槽口数划分,常用的叶轮型号如表 3-2 所示。

表 3-2 常见叶轮型号

二槽口	三槽口	四槽口	五槽口	六槽口	七槽口	八槽口

3.3.3 轨道面板

旋转式编织机中,叶轮的作用是给携纱器提供驱动力,但携纱器的运动方向(或轨迹)则由轨迹盘决定。轨迹盘具有平面或圆柱面形状,上面开有若干个具有一定宽度的曲线段或直线段凹槽,位于叶轮下方的凹槽一般是圆弧型或其他优化过的曲线,而连接相邻两个圆弧槽(或曲线槽)的是直线型槽。直线槽一般与两个曲线段同时内切,其作用是为携纱器在两个叶轮之间转移提供引导。

若编织机上生产的织物品种一定,则轨迹盘上的槽道是原始加工好的,在编织过程中不再发生变化,如图 3-34 所示。但如果携纱器的运动轨迹需要不断变化的话,则在两个叶轮之间的槽道就不能做成固定不变的,而是需要一种专门的转换装置或者变轨装置(图 3-35)。

图 3-34 无变轨装置的轨迹盘 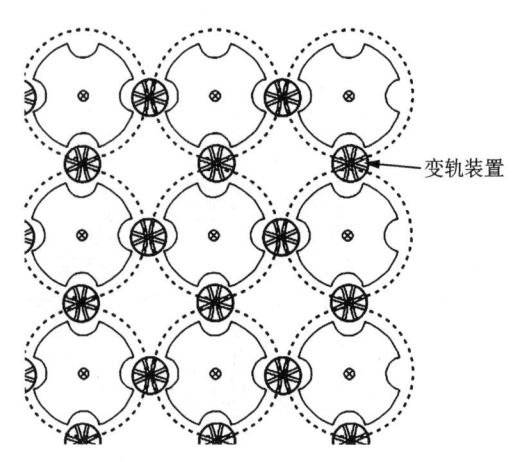　　　　图 3-35 有变轨装置的轨迹盘

1. 轨迹盘

理论上，叶轮的半径应该与轨迹盘上围绕叶轮的圆弧型槽道半径相等，如图 3-36(a)所示，但实际上，叶轮的直径通常比槽道的半径大，如图 3-36(b)。因为这样，叶轮上的槽口相对较深，增大了叶轮与携纱器的接触面积，能够可靠地握持携纱器并沿叶轮运动方向给其施加驱动力。槽道半径小于叶轮半径的另一个原因是，可以使两个叶轮下方轨道交汇处的槽道曲率变化更加平缓，有利于携纱器在轨道变换过程中运动平稳。图 3-36(c)、(d) 分别是上述两种情况下叶轮施加在携纱器上驱动力的方向。将叶轮的半径加大的另一个原因是可以避免携纱器在两个轨道交接处滑动时出错。

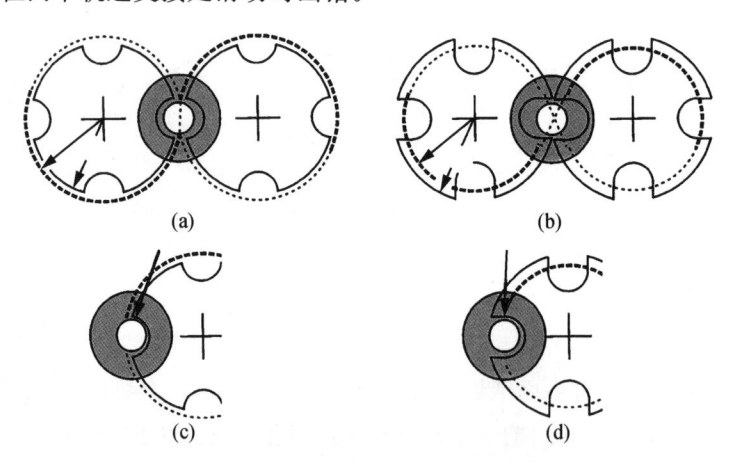

图 3-36 轨道槽半径与叶轮半径之间的关系

2. 变轨装置

旋转式编织机上的变轨装置，实际上是具有两套曲线沟槽的圆形构件，如图 3-37 所示，一套沟槽形状是两条交叉的直线，交叉点位于圆形构件的圆心；另一套沟槽是两个圆弧曲线，他们的圆心分别位于相邻两个叶轮的转动中心，即与所连接的曲线构成封闭的圆。这两套沟槽位置相差 90°，直线型沟槽与轨迹盘上相邻的圆形沟槽连接时，携纱器可以在两个叶轮之间转移，但当圆弧型沟槽与轨迹盘连通时，携纱器无法转移。

通过控制变轨装置的位置状态,就可以灵活地对轨道进行重新组合,从而使携纱器携带纱线走出不同的轨迹,实现不同组织结构立体织物的编织。

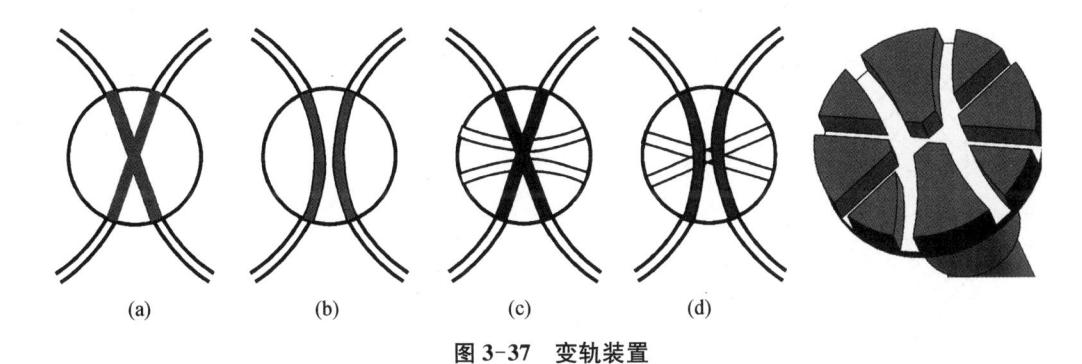

(a)　　　　　(b)　　　　　(c)　　　　　(d)

图 3-37　变轨装置

3. 轨道的结构设计

编织立体织物时,锭子运行的轨迹决定了纱线走向,最终影响立体织物及复合材料的力学性能。常用的基本轨道单元类型如表 3-3 所示,有 484 横折轨道单元、∞ 轨道单元、2×2 斜轨道单元和 V 轨道单元,任何轨道形状都可以由这些基本轨道单元拼接在一起。

表 3-3　常用的基本轨道单元

类型	484 横折	∞	2×2 斜	V
简图				
CAC	$\begin{bmatrix} f^4 \\ e^4 \end{bmatrix}$	$\begin{bmatrix} f^1 \\ e^3 \end{bmatrix}$	$\begin{bmatrix} f^1 \\ e^1 \end{bmatrix}$	$\begin{bmatrix} f^1 \\ e^3 \end{bmatrix}$
周期	8	8	2	4

对于表 3-3 中所示的 484 轨道类型,第一个 4 代表一个带有 4 个槽口的叶轮,8 代表两个共带有 8 个槽口的叶轮,第二个 4 代表一个带有 4 个槽口的叶轮。

表 3-4　4×4 轨道单元及其 NoSP

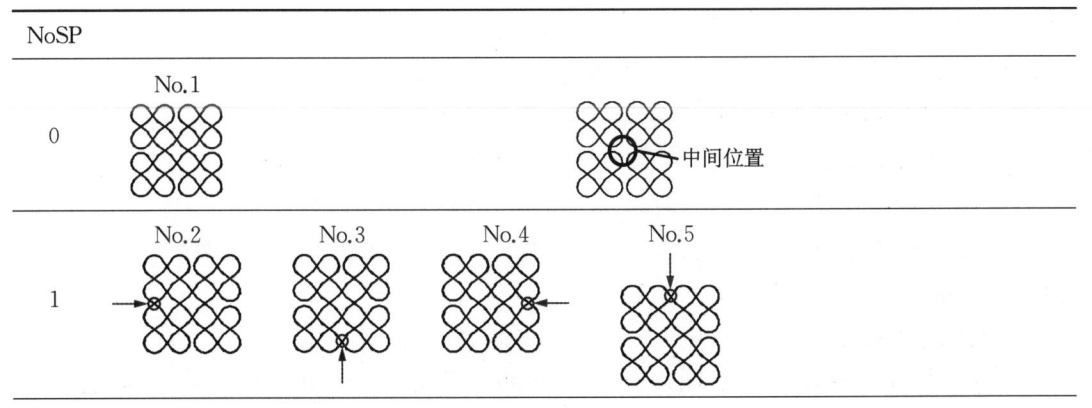

NoSP				
0	No.1			中间位置
1	No.2	No.3	No.4	No.5

(续表)

NoSP						
2	No.6	No.7	No.8	No.9	No.10	No.11
3	No.12	No.13	No.14	No.15		
4	No.16					

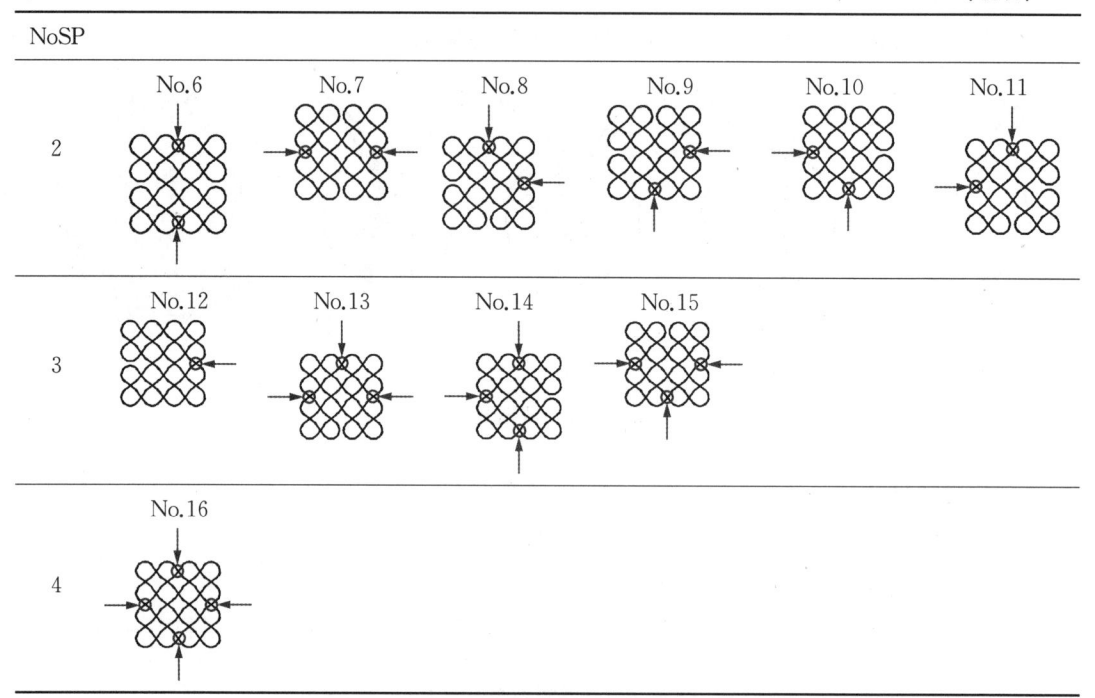

484 轨道限制锭子的排布特征为 4 满 4 空$[f^4, e^4]^T$。"满"表示在锭子的排列位置处具有锭子,"空"表示锭子在排列位置处没有锭子。为避免锭子之间发生干涉,最小排布重复周期为 8(8=4 满+4 空)。同样,∞ 轨道类型的锭子排布特征也需要 4 满 4 空,即锭子最小排布周期数为 8(8=4 满+4 空),∞ 轨道类型中的锭子之间不存在干涉问题。2×2 斜轨道类型的具体表现形式是轨道呈倾斜布置,倾斜角度分别为 45°和 135°。2×2 斜轨道的具体表示为具有 4 个槽口的叶轮呈两行两列的阵列排布,即轨道中共有的 4 个叶轮(4 = 2 行×2 列),其槽口中锭子的具体排布特征为 1 满和 1 空。其最小排布周期为 2(2=1 满+1 空)时,在斜轨道上的锭子之间不存在碰撞。V 型轨道,需要的锭子数量很少。只有当锭子最小排布周期为 4(4=1 满+3 空)时,锭子之间才不会在 V 型轨道中发生碰撞。可以将表 3-3 中所示的两种及两种以上的最小轨道单元拼接在一起,以获得更大的轨道单元。表 3-4 中的 16 个轨道单元是由 4 个以不同方式拼接在一起的 2×2 个倾斜轨道组成的。在本文中称之为 4×4 轨道单元,相应得到的拼接点(NoSP)分别为 0、1、2、3、4。拼接点的数量是中间拼接位置完成拼接后,4 个 2×2 轨道单元四周的拼接点数量的统计结果。其中,

(a) 只有 1 种类型的 4×4 斜轨道单元(如表 3-4,No.1),其 NoSP = 0。

(b) 有 4 种类型的 4×4 轨道单元(如表 3-4,No.2~No.5),其 NoSP = 1。

(c) 有 6 种类型的 4×4 单元(表 3-4,No.6~No.11),其 NoSP = 2。

(d) 有 4 种类型的 4×4 单元(表 3-4,No.12~No.15),其 NoSP = 3;另外,只有一种类型的 4×4 单元(No.16),其 NoSP = 4。

4. 斜轨道的拼接

将每个轨道单元表示为不同闭合矩形环路的简化图,从而分析斜轨道拼接机理,

图 3-38 所示为 8×8 斜轨迹拼接示意图。图 3-38 中的 8×8 斜轨道由四个 4×4 斜轨道单元[4×,4×4(2),4×4(3)和 4×4(4)]和五个变轨转盘运动的状态均为 1 的 2×2 斜轨道单元[2×2(0),2×2(1),2×2(2),2×2(3)和 2×2(4)]。其中,符号×表示运动状态为 1 的变轨转盘。

在每个 4×4 斜轨单元的四边中点处的变轨转盘的运动状态为 0。4×4(1)轨道的右和下边中间处、4×4(2)轨道的左和下边中点处、4×4(3)轨道的左和上边中点处和 4×4(4)轨道的右和上边中点处的变轨转盘的运动状态变为 1,图 3-38 中括号里的数字表示拼接的顺序。同时,将 4×4(1),4×4(2),

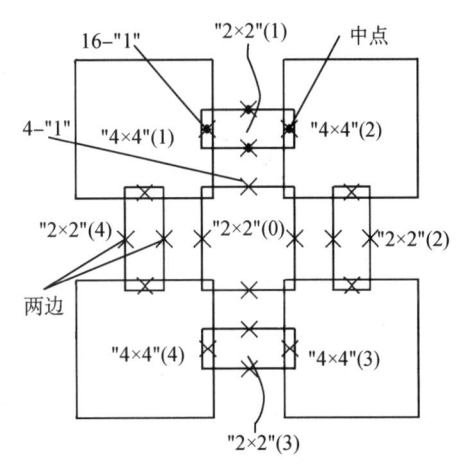

图 3-38 8×8 斜轨拼接图

4×4(3)和 4×4(4)轨道拼接成 8×8 斜轨道,还需要将 4 个 4×4 轨道中心位置的 4 个变轨转盘的运动状态变为 1,即当所述五个 2×2 轨道[2×2(0),2×2(1),2×2(2),2×2(3),2×2(4)]中的运动状态为 1 时构成所述变轨转盘。括号中的数字表示轨道拼接过程中的序列。共 20 个运动状态为 1 的变轨转盘分布在 4 个 4×4 斜轨道的相应的侧边中点及 4×4(1)斜轨道右下角的,4×4(2)斜轨道的左下角,4×4(3)斜轨道的左上角,4×4(4)斜轨道的右上角处的共 4 个变轨转盘的运动状态变为 1,最后形成了 8×8 斜轨道。

锭子排布周期的计算:按照斜轨道的拼接机理,将四个 4×4 轨道单元(No.8、No.9、No.10、No.11)进行拼接,形成一个如图 3-39 所示的 8×8 斜轨道单元,在 No.8(1),No.9(2),No.10(3)和 No.11(4)中,括号里数字(1、2、3 和 4)表示拼接顺序。

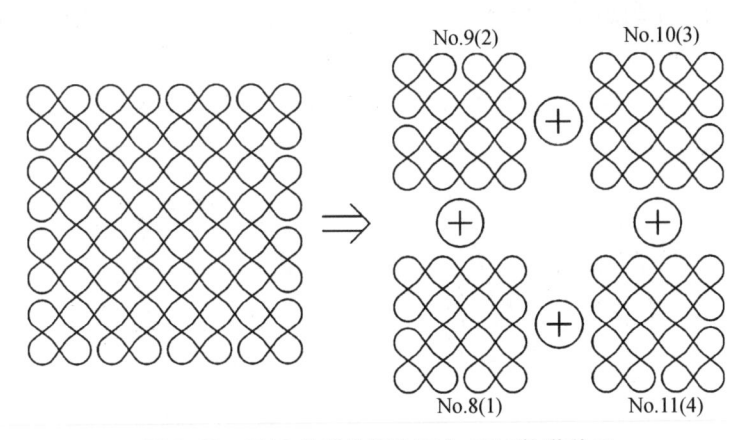

图 3-39 8×8 轨道分解为四个 4×4 轨道单元

编织轨道拼接机理的基本思想是:任何编织轨道系统(BS-Braiding System)都可以看作是由 m 个变轨转盘同时连接有 n 条轨道组成,可以写成:

$$BS[T,V] = \sum_{i}^{n} tr_i + \sum_{j}^{m} sw_j + \sum_{k}^{l} ho_k \tag{3-1}$$

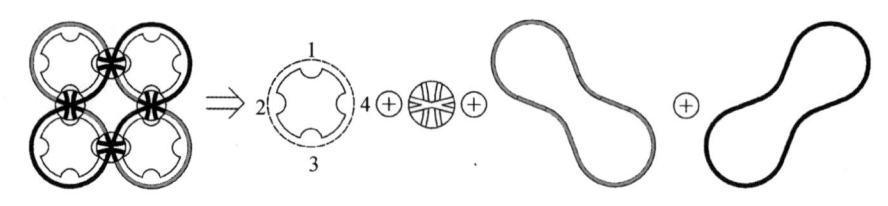

图 3-40　2×2 编织系统分解为叶轮、变轨转盘和轨道

其中，$BS[T,V]$ 表示锭子排布周期（CAR-Carrier Arrangement Repeat）为 T 和独立轨道数为 V 的编织系统。式(3-1)表示，任意编织单元由 l 个叶轮、m 个变轨转盘、n 个轨道组成。也可表示成图 3-40 形式，图中数字 1、2、3 和 4 分别代表叶轮的第一、第二、第三和第四个槽口的位置。

8×8 斜轨道单元的拼接原理如图 3-39 所示。根据轨道拼接机理，建立基于 BS 单元的轨道结构分析和拼接方法，其一般的 CAR 方程表示为

$$\begin{cases} \xi_{L_j} = \dim.\left\{ (\bigcap_{i=1}^{j} M_{b_i}) \bigcup M_{b_{(j+1)}} \right\} & (3\text{-}2a) \\ T = \sum_{i=1}^{m} f_i - \sum_{j=1}^{v} \xi_{L_j} & (3\text{-}2b) \end{cases}$$

其中，f_i 表示第 i 个编织单元中的轨道数，m 表示编织单元的数量，v 表示轨道回路数，M_{b_i} 表示第 i 个轨道单元的锭子排布特征，$\bigcap_{i=1}^{j} M_{b_i}$ 表示由基本轨道单元（此处称为子轨道单元）的前 j 个轨道单元拼接组成的轨道中的锭子布置特征，ξ_{L_j} 表示第 j 个轨道单元（由图 3-41 所示的前 j 个轨道单元和第 $(j+1)$ 个轨道单元组成的等效轨道单元构成）的锭子排布特征数。锭子排布特征（CAC-Carrier Arrangement Characteristic）与"锭子排列特征数"不同，需要先计算 CAC，然后计算锭子排布特征数，$\dim.\{M\}$ 为 CAC 中所有锭子排布的元素数，即 CAC 的维数。

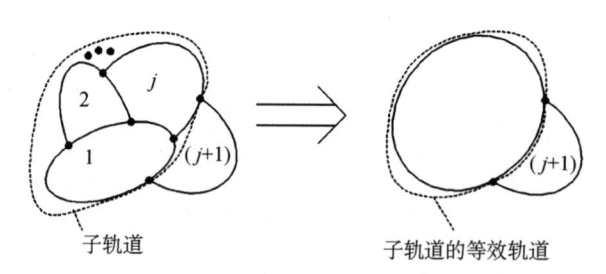

图 3-41　前 j 条轨道的拼接

为节约篇幅，给出运用 CAC 法进行轨道拼接的主要步骤，具体如下：

(1) 确定 4×4 轨道中的锭子排布特征；

(2) 确定轨道 1，2 的锭子排布特征数：

$$\xi_{L_1} = \dim.\{M_{b_1} \bigcup M_{b_2}\}$$

(3) 确定由第 1,2 个轨道组成的第 1 个子轨道的锭子排布特征：

$$M_{pa(1-2)} = M_{b_1} \bigcap M_{b_2}$$

(4) 确定第 j 个子轨道的锭子排布特征数：

$$\xi_{L_j} = \dim.\{M_{Pa(1-j)} \bigcup M_{b(j+1)}\}$$

(5) 确定前 $(j+1)$ 个轨道单元拼接的轨道的锭子排布特征：

$$M_{pa(1-(j+1))} = M_{Pa(1-j)} \bigcap M_{b(j+1)}$$

(6) 确定拼接轨道单元锭子排布周期：

$$T = \left| \sum_{i=1}^{m} f_i - \sum_{j}^{v} \xi_{L_j} \right|$$

可得 8×8 斜轨道单元的具体拼接步骤：

1) 确定 Nos. 8-11 编织单元的 CAC：根据式(3-2b)，Nos. 8-11 中每个 4×4 轨道单元的 CAC 为：

$$M_{b_i} = \begin{bmatrix} f^1 \\ e^1 \end{bmatrix} \bigcup \begin{bmatrix} f^1 \\ e^1 \end{bmatrix} \bigcup \begin{bmatrix} f^1 \\ e^1 \end{bmatrix} \bigcup \begin{bmatrix} f^1 \\ e^1 \end{bmatrix} = \begin{bmatrix} f^1 \\ e^3 \end{bmatrix}, \quad i = 1, 2, 3, 4 \tag{3-3}$$

2) 根据式(3-2b)和(3-3)，可得第 1 个轨道单元(No.8)的锭子排布特征数为：

$$\xi_{L_1} = \dim.\{M_{b_1} \bigcup M_{b_2}\} = \dim.\left\{ \begin{bmatrix} f^1 \\ e^3 \end{bmatrix} \bigcup \begin{bmatrix} f^1 \\ e^3 \end{bmatrix} \right\} = 4 \tag{3-4}$$

3) 根据式(3-2a)和(3-3)，由第一个(No.8)和第二个(No.9)轨道单元组成的子轨道 CAC 为：

$$M_{TR_{1-2}} = M_{b_1} \bigcap M_{b_2} = \begin{bmatrix} f^1 \\ e^3 \end{bmatrix} \bigcap \begin{bmatrix} f^1 \\ e^3 \end{bmatrix} = \begin{bmatrix} f^1 \\ e^3 \end{bmatrix} \tag{3-5}$$

4) 根据式(3-2b)和(3-5)，由 No.8、No.9 和 No.10 组成的第二个轨道单元的锭子排布特征数为：

$$\xi_{L_2} = \dim.\{M_{TR_{1-2}} \bigcup M_{b_3}\} = \dim.\left\{ \begin{bmatrix} f^1 \\ e^3 \end{bmatrix} \bigcup \begin{bmatrix} f^1 \\ e^3 \end{bmatrix} \right\} = 4 \tag{3-6}$$

5) 根据式(3-2a)和(3-3)，由第一个(No.8)、第二个(No.9)和第三个(No.10) 4×4 轨道单元组成的子轨道的 CAC 为：

$$M_{TR_{1-3}} = M_{TR_{1-2}} \bigcap M_{b_3} = \begin{bmatrix} f^1 \\ e^3 \end{bmatrix} \bigcap \begin{bmatrix} f^1 \\ e^3 \end{bmatrix} = \begin{bmatrix} f^1 \\ e^3 \end{bmatrix} \tag{3-7}$$

6) 根据式(3-2b)和(3-7)，No.8 轨道单元，No.9 轨道单元和 No.10 轨道单元组成的第三个轨道单元的锭子排布特征数为：

$$\xi_{L_3} = \dim.\{M_{TR_{1-3}} \cup M_{b_4}\} = \dim.\left\{\begin{bmatrix}f^1\\e^3\end{bmatrix} \cup \begin{bmatrix}f^1\\e^3\end{bmatrix}\right\} = 4 \qquad (3-8)$$

7) 确定 8×8 轨道单元的周期：根据式(3-2(b))，

$$T^*_{TR\_oblique} = \sum_{i=1}^{4} f_i - \sum_{j=1}^{3} \xi_{Lj} = 14 - (4+4+4) = 2 \qquad (3-9)$$

因此，8×8 轨道单元中的锭子排布周期为 2。

5. 484 横折轨道的拼接

8×8 484 横折轨道的拼接示意图如图 3-42 所示。在图 3-43 所示的拼接机理示意图中，8×8 484 横折轨道是由四个 4×4 484 横折轨道单元[4×4 484(1)，4×4 484(2)，4×4 484(3) 和 4×4 484(4)]和变轨转盘的运动状态均为 1 的三个 2×2 斜轨道单元[2×2(1)，2×2(2)，2×2(0)]组成，其中，符号×表示运动状态为 1 的变轨转盘。

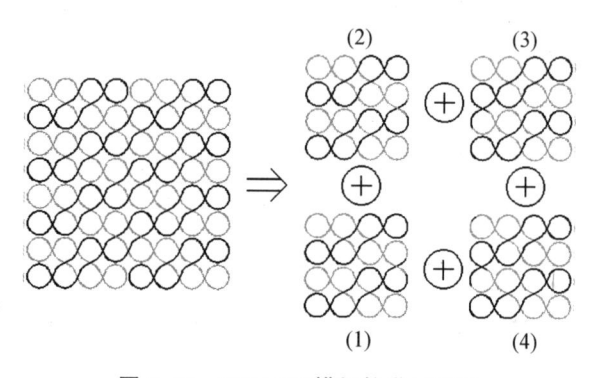

图 3-42　8×8 484 横折轨道示意图

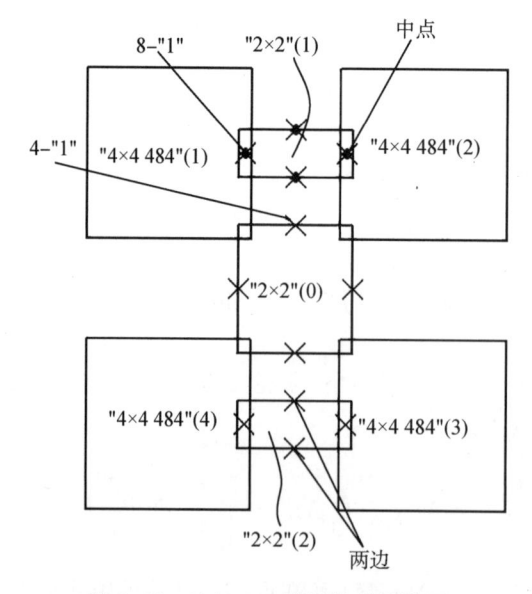

图 3-43　8×8 484 横折轨道拼接图

同样，8×8 484 横折轨道与8×8 斜轨道的拼接机理相同，只是运动状态为1的变轨转盘数相应减少。分别将4×4 484(1)的右边中点、4×4 484(2)的左边中点、4×4 484(3)的左边中点和4×4 484(4)的右边中点处的变轨转盘运动状态由0改为1。同时，将4×4 484(1)、4×4 484(2)、4×4 484(3)以及4×4 484(4)轨道拼接成8×8 484 横折轨道，还需要分别将4×4 484(1)的右边中点位置两侧、4×4 484(2)的左边中点位置两侧、4×4 484(3)的左边中点位置两侧和4×4 484(4)的右边中点位置两侧的变轨转盘的运动状态改为1，形成2×2(1)和2×2(2)，共有8个变轨转盘的运动状态为1。最后，4×4 484(1)的右下角，4×4 484(2)的左下角，4×4 484(3)的左上角和4×4 484(4)的右上角处的变轨转盘的运动状态改为1，从而形成了8×8 484 横折轨道。

锭子的排布周期计算如下：

(1) 确定第1~4个4×4轨道单元的锭子排布特征

$$M_{b_i} = \begin{bmatrix} f^4 \\ e^4 \end{bmatrix} \cup \begin{bmatrix} f^4 \\ e^4 \end{bmatrix} \cup \begin{bmatrix} f^4 \\ e^4 \end{bmatrix} \cup \begin{bmatrix} f^4 \\ e^4 \end{bmatrix} = \begin{bmatrix} f^4 \\ e^4 \end{bmatrix}, \ i = 1, 2, 3, 4$$

(2) 确定由轨道1,2组成的第1个子轨道中锭子的排布特征数

$$\xi_{L_1} = \dim.\left\{ \begin{bmatrix} f^4 \\ e^4 \end{bmatrix} \cup \begin{bmatrix} f^1 \\ e^1 \end{bmatrix} \cup \begin{bmatrix} f^4 \\ e^4 \end{bmatrix} \right\} = 3$$

(3) 确定轨道1,2的锭子排布特征

$$M_{TR_{1-2}} = M_{b_1} \cap M_{b_2} = \begin{bmatrix} f^4 \\ e^4 \end{bmatrix} \cap \begin{bmatrix} f^4 \\ e^4 \end{bmatrix} = \begin{bmatrix} f^4 \\ e^4 \end{bmatrix}$$

(4) 确定由轨道1,2,3组成的第2个子轨道中锭子的排布特征数

$$\xi_{L_2} = \dim.\left\{ \begin{bmatrix} f^4 \\ e^4 \end{bmatrix} \cup \begin{bmatrix} f^1 \\ e^1 \end{bmatrix} \cup \begin{bmatrix} f^4 \\ e^4 \end{bmatrix} \cup \begin{bmatrix} f^4 \\ e^4 \end{bmatrix} \right\} = 4$$

(5) 确定轨道1,2,3的锭子的排布特征

$$M_{TR_{1-3}} = M_{TR_{1-2}} \cap M_{b_3} = \begin{bmatrix} f^4 \\ e^4 \end{bmatrix} \cap \begin{bmatrix} f^4 \\ e^4 \end{bmatrix} = \begin{bmatrix} f^4 \\ e^4 \end{bmatrix}$$

(6) 确定由轨道1,2,3,4组成的第3个子轨道中锭子的排布特征数

$$\xi_{L_3} = \dim.\left\{ \begin{bmatrix} f^4 \\ e^4 \end{bmatrix} \cup \begin{bmatrix} f^1 \\ e^1 \end{bmatrix} \cup \begin{bmatrix} f^4 \\ e^4 \end{bmatrix} \cup \begin{bmatrix} f^4 \\ e^4 \end{bmatrix} \cup \begin{bmatrix} f^1 \\ e^1 \end{bmatrix} \cup \begin{bmatrix} f^4 \\ e^4 \end{bmatrix} \right\} = 6$$

(7) 确定8×8斜轨道中锭子的排布周期

$$T^*_{TR\_484} = \left| \sum_{i=1}^{4} f_i - \sum_{j=1}^{3} \xi_{L_j} \right| = |21 - (3+4+6)| = 8$$

因此，8×8 484 横折轨道中的锭子排布周期为8，其排布特征为 $\begin{bmatrix} f^4 & e^4 \end{bmatrix}^T$。

6. 对角封闭轨道的拼接

轨道拼接机理分析：对角封闭轨道中相同倾斜角度的轨道之间成同轴布置，然后不同倾斜角度轨道之间相互交叉，对于一些编织产品应用的场合，应用对角线轨道可以编织较厚的正方形或其他横截面类型的编织产品。这些产品通常用于制造垫圈或纤维增强复合材料。一旦对角线轨道拼接完成，其轨道内的变轨转盘装置的运动状态均为1，其具体的拼接示意图 3-44 所示。

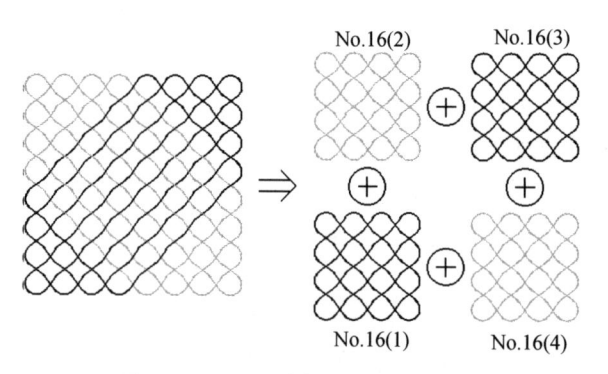

图 3-44　8×8 对角封闭轨道示意图

同样，8×8 对角封闭轨道的拼接机理如图 3-45 所示。处于形状内的变轨转盘的运动状态均为1：即分别将 4×4(1) 的右边与下边、4×4(2) 的左边与下边、4×4(3) 的左边与上边，以及 4×4(4) 的右边与上边处的变轨转盘运动状态全部改为1。形成∞(1)、∞(2)、∞(3)与∞(4)的中间位置变轨转盘的运动状态均为1，共有16个变轨转盘的运动状态为1。最后形成了 8×8 对角封闭轨道。

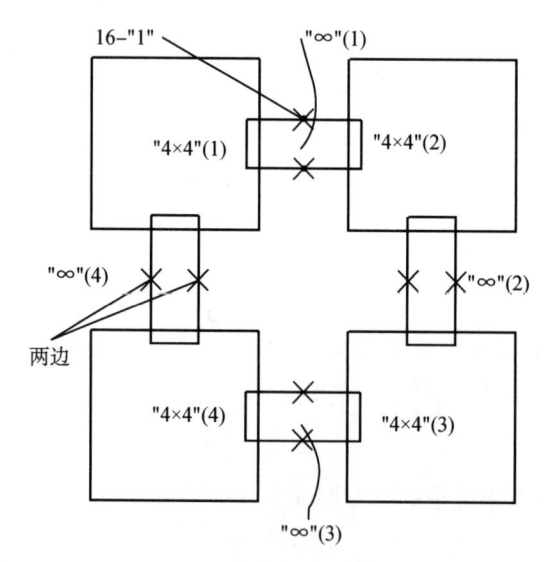

图 3-45　8×8 对角封闭轨道拼接机理图

锭子排布周期的计算如下：

(1) 确定第 1~4 个 4×4 轨道单元的锭子排布特征

$$M_{b_i} = \begin{bmatrix} f^1 \\ e^1 \end{bmatrix} \cup \begin{bmatrix} f^1 \\ e^1 \end{bmatrix} \cup \begin{bmatrix} f^1 \\ e^1 \end{bmatrix} \cup \begin{bmatrix} f^1 \\ e^1 \end{bmatrix} = \begin{bmatrix} f^1 \\ e^3 \end{bmatrix}, \ i=1,2,3,4$$

(2) 确定由轨道 1,2 组成的第 1 个子轨道中锭子的排布特征数

$$\xi_{L_1} = \dim \left\{ \begin{bmatrix} f^1 \\ e^3 \end{bmatrix} \cup \begin{bmatrix} f^1 \\ e^3 \end{bmatrix} \right\} = 4$$

(3) 确定轨道 1,2 的锭子排布特征

$$M_{TR_{1-2}} = M_{b_1} \cap M_{b_2} = \begin{bmatrix} f^1 \\ e^3 \end{bmatrix} \cap \begin{bmatrix} f^1 \\ e^3 \end{bmatrix} = \begin{bmatrix} f^1 \\ e^3 \end{bmatrix}$$

(4) 确定由轨道 1,2,3 组成的第 2 个子轨道中锭子的排布特征数

$$\xi_{L_2} = \dim \left\{ \begin{bmatrix} f^1 \\ e^3 \end{bmatrix} \cup \begin{bmatrix} f^1 \\ e^3 \end{bmatrix} \right\} = 4$$

(5) 确定轨道 1,2,3 的锭子的排布特征

$$M_{TR_{1-3}} = M_{TR_{1-2}} \cap M_{b_3} = \begin{bmatrix} f^1 \\ e^3 \end{bmatrix} \cap \begin{bmatrix} f^1 \\ e^3 \end{bmatrix} = \begin{bmatrix} f^1 \\ e^3 \end{bmatrix}$$

(6) 确定由轨道 1,2,3,4 组成的第 3 个子轨道中锭子的排布特征数

$$\xi_{L_3} = \dim \left\{ \begin{bmatrix} f^1 \\ e^3 \end{bmatrix} \cup \begin{bmatrix} f^1 \\ e^3 \end{bmatrix} \right\} = 4$$

(7) 确定 8×8 斜轨道中锭子的排布周期

$$T^*_{TR\_diagnal} = \left| \sum_{i=1}^{4} f_i - \sum_{j=1}^{3} \xi_{L_j} \right| = |20 - (4+4+4)| = 8$$

因此,8×8 对角轨道中的锭子排布周期为 8,其排布特征为 $\begin{bmatrix} f^1 & e^7 \end{bmatrix}^T$。

3.4 纱管的制动装置

纱管的制动装置能防止纱管在编织过程中任意转动,因而保证纱线的一端固定。如果补偿区的纱线用尽,制动装置与纱管脱离接触,使其能够在纱线张力的作用下自由转动和释放出一定长度的纱线。纱管制动形式有牙嵌式和摩擦式。

1. 牙嵌制动式

最常用的纱管制动形式是牙嵌离合式,见图 3-46。在纱管底部设计有不同形式的凸起或凹槽,与锭座顶部结构形成牙嵌式配合,当他们相互咬合时,纱管被制动不能旋转,而当外部纱

线长度不够时,纱线张紧并拉动纱管沿锭轴上升,从而牙嵌制动停止工作,纱线从纱管上释放。

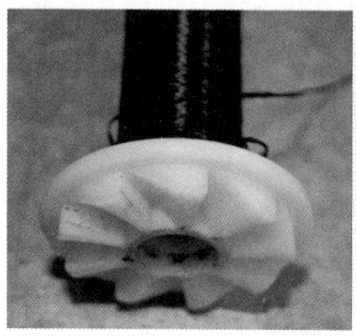

(a) 三角形牙齿,只能单方向转动　　(b)(c) 对称结构凹槽,可双向转动

图 3-46　牙嵌式纱管制动方式

2. 摩擦制动式

对于纱管的重量大于 100 kg 的大型携纱器,牙嵌式制动方式不再适合,因为此时纱管的惯性大,旋转过程中会对牙齿产生很大的作用力,牙齿的强度承受不了该力。这种编织机上通常采用摩擦式制动,就像汽车上的刹车原理一样,如图 3-47 所示。摩擦式制动装置将纱管的动能转换成摩擦热并逐渐释放,从而使大质量的纱管停止旋转。

图 3-47　大型携纱器上的摩擦制动装置　　图 3-48　带式摩擦制动原理

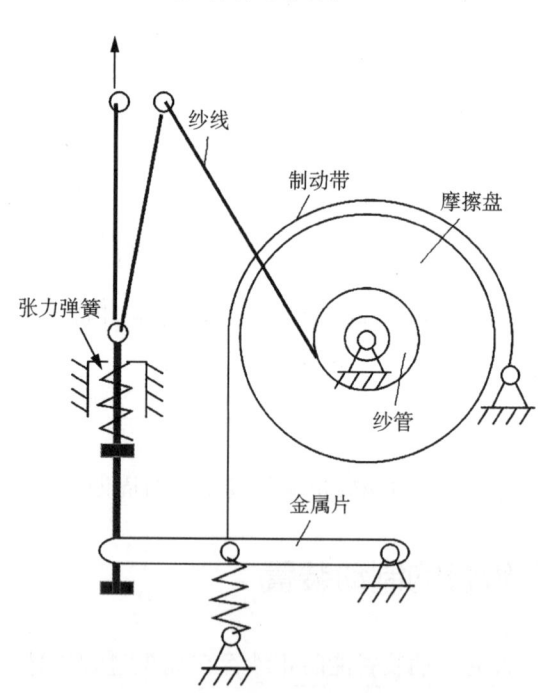

图 3-48 是另外一种摩擦制动方式——带式摩擦制动,纱管与摩擦盘相连,制动带包绕在摩擦盘上,并与金属片相连。当纱线的张力过大,金属片被拉动顺时针旋转,制动带对摩擦盘的摩擦力减小,纱管旋转释放纱线。这种制动方式只适用于纱管水平放置的金属编织机。

3.5 织物的牵引装置

传统的编织机上,牵引机构以恒定的速度沿一个方向将织物引离编织区,如图 3-49(a)所示,但编织电缆或对物体表面重复编织时,需要反向的牵引运动,牵引速度可能还需要改变,如图 3-49(b)所示。在编织复杂结构时,芯棒表面是非线性曲线,需要芯棒和编织件能够沿三个坐标方向运动(包括转动),如图 3-49(c)所示。上述三种情况下要求的牵引速度方向不一样,因此牵引机构也不同。

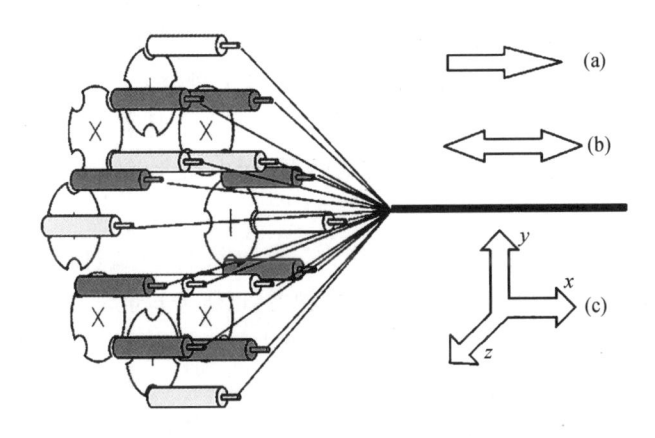

(a) 单轴向-单向牵引　(b) 单轴向-双向牵引　(c) 三轴向-6个自由度牵引

图 3-49　常见的牵引方向

1. 摩擦辊式牵引形式

决定牵引机构形式的另一个因素,是最终编织物的形状。如果编织物是直线状且可以弯曲(如绳子、鞋带等)的,可以将编织物缠绕在牵引辊上,利用摩擦力进行牵引,机构简单。

为了精确控制牵引速度,牵引部件与编织物之间必须接触良好。对于比较细的编织物,通常采用多辊摩擦牵引形式。如图 3-50 所示是两辊牵引方式,编织好的编织物在牵引辊和导向辊之间缠绕 5~6 次,产生足够的摩擦力防止编织物和牵引辊之间的相对滑动。

图 3-50　具有一个牵引辊和一个导引辊的摩擦式牵引机构图

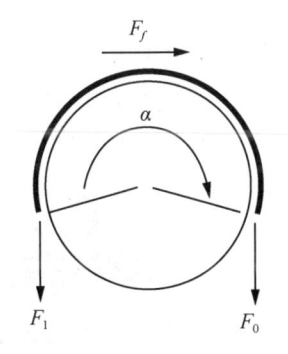

图 3-51　缠绕在牵引辊上的编织物的受力

若绕在牵引辊上编织物两端的拉力分别为 F_1(靠近编织点一侧)、F_0(远离编织点一侧)(图 3-51),编织物在牵引辊上的包角为 α,牵引辊表面的摩擦系数为 μ,则根据欧拉公式有:

$$F_1 = F_0 \, e^{\mu\alpha} \tag{3-10}$$

因此,在牵引辊与编织物之间的摩擦力是:

$$F_f = F_1 - F_0 = F_0(e^{\mu\alpha} - 1) \tag{3-11}$$

从式(3-11)可以看出,当摩擦力 F_f 一定的情况下,如果摩擦系数 $\mu = 0.3$,且编织物在牵引辊上绕三次,则 F_0 必须小于 $10\% F_1$。通常情况下,F_0 是编织物的自重,为了防止机器震动引起编织物与牵引辊之间的滑移,编织物必须在牵引辊上缠绕 4~5 次。另外,为了防止多次缠绕之间的重叠干涉,必须至少采用两个牵引辊,其中一个是主动旋转的,另一个是从动旋转的。一般情况下,从动辊表面摩擦系数相对较低,而主动牵引辊表面包覆一层具有较高摩擦系数的特殊橡胶。

当编织机的锭子数较多时,需要更大的牵引力。此时除了利用织物在牵引辊表面的包缠而产生的摩擦力之外,增加牵引辊与织物之间的接触力(正压力),也是增大他们之间摩擦力的一个措施。如图 3-52 所示,织物和牵引辊之间的摩擦力与它们之间的正压力 P 成正比。

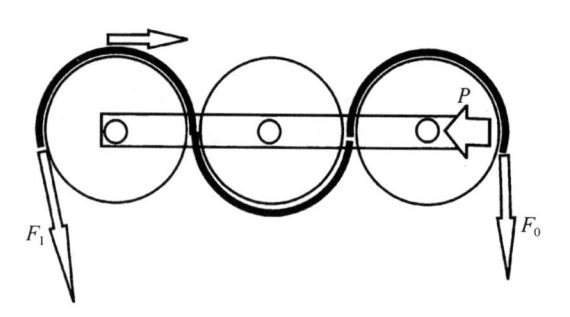

图 3-52 利用摩擦力和接触力的三辊牵引机构

2. 履带牵引形式

对于具有固定横截面形状的织物,如果织物对外部压力和弯曲变形敏感的话,通常采用履带式牵引装置(图 3-53)。这种装置将压力分散在织物较大的接触面上,在不增加外部压力和无弯曲的情况下将织物以稳定的速度牵引出来。两个履带之间的距离可以根据需要进行调节。因为具有较大的接触面积,因此履带式牵引装置可以沿两个方向控制织物,而且具有较大的牵引力。履带式牵引装置一般水平放置和工作。

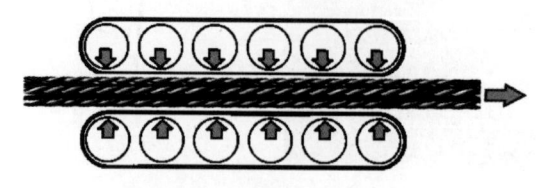

图 3-53 履带式牵引装置

3. 机械手牵引形式

对多层嵌套编织的情形,如果芯棒具有非线性曲面,则其运动必须在机械手的控制下实现,因为这种立体织物一般是个性化生产的,如图 3-54 所示。

图 3-54　机械手牵引

3.6　携纱器的排布规律及干涉问题

3.6.1　常见的排布规律

旋转式编织机中的携纱器在叶轮驱动下沿着轨道运动。图 3-55(a)是一个只有一条携纱器轨道的编织系统,轨道中存在交叉点 a,该交叉点在编织过程中需要传递来自两个方向的携纱器。为了避免两个方向上携纱器同时进入交叉点而发生干涉碰撞,需保证任一时刻仅一个方向有携纱器进入该交叉点。因此,在存在交叉点的轨道上,最多可布置的携纱器数量是叶轮槽口总数的一半,将这种携纱器排布状态称为"饱和排布",而将携纱器数少于槽口总数一半的排布状态称为"稀疏排布"。

为了描述方便,用数字序列表达携纱器在轨道上的排布规律,"1"表示槽口处有携纱器,"0"表示无携纱器,如图 3-55(a)中携纱器的排布规律可以表示为"1010……"。图 3-55(b)是将图 3-55(a)轨道展开后的简化模型。常见的携纱器排布规律如表 3-5 所示。

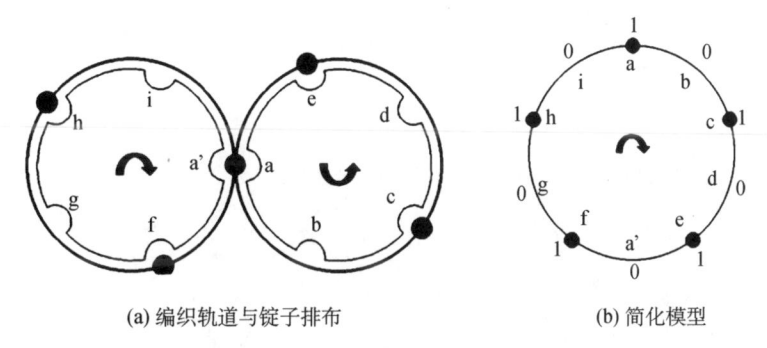

(a) 编织轨道与锭子排布　　　　　(b) 简化模型

图 3-55　"10"排布规律的编织系统

表 3-5 常见携纱器的排布规律及其错位数

携纱器排布规律	周期 T	不发生干涉的错位数
10	2	1
100	3	1, 2
1000	4	1, 2, 3
1100	4	2
111000	6	3

3.6.2 携纱器的干涉问题

1. 锭子之间干涉的数值建模

单轨形式及多轨相互交织形式的数学描述：单个轨道中没有交叉点的轨道有两种形式，主要出现在斜轨道和对角轨道中，如图 3-56(a) 所示为单个轨道内无交叉点的轨道简图。而具有自交叉点(ScP)的单个轨道形式如图 3-56(b) 所示，主要为 484 横折轨道的单个轨道形式。无自交叉点的轨道相互交叉后形成互交织点(MtP)如图 3-56(c) 所示。图 3-56(d) 是同时存在自交叉点(ScP)和互交织点(MtP)的轨道简图。

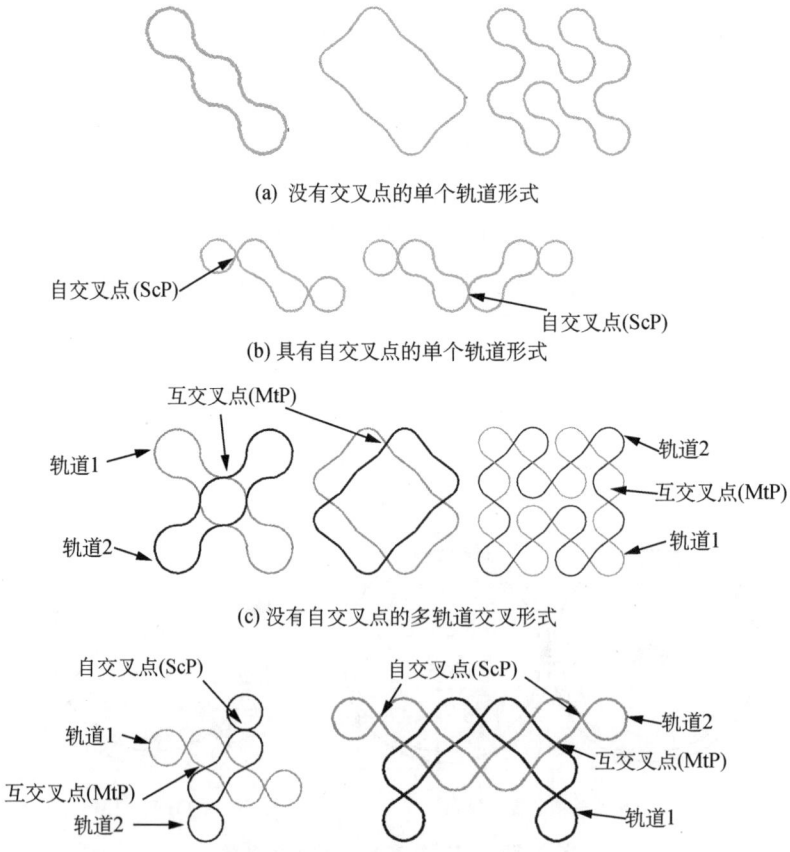

(a) 没有交叉点的单个轨道形式

(b) 具有自交叉点的单个轨道形式

(c) 没有自交叉点的多轨道交叉形式

(d) 具有交叉点的多个轨道形式

图 3-56 单轨以及多轨之间交叉形式示意图

从第 3.3.3 节中拼接而成的三种轨道形式(斜轨道单元、484 横折轨道单元与对角封闭轨道单元)分解出相应的基本轨道片段单元(为简化篇幅,本章仅对 484 横折轨道进行基本轨道片段分解),如图 3-57 所示。然后,通过定义轨道中各类型轨道片段的位置和锭子在轨道上运动的方向,以表示基本轨道片段对应的方位特征集(AFS),并用符号 $s(m, r, c, \phi)$ 表示,其中,m 的具体字母代表基本轨道片段的类型,r 代表轨道片段所在轨道中行的数值,c 代表轨道片段所在轨道中列的数值,参数 ϕ 表示轨道片段中的锭子在叶轮的驱动下运动的方向,此参数的值有两个旋转方向,分别是 ϕ^+ 和 ϕ^-,如表 3-6 所示。例如,在第 j 行和第 i 列中的轨道片段用 $s_{ij} = s(f(i), i, j, \phi)$ 表示。

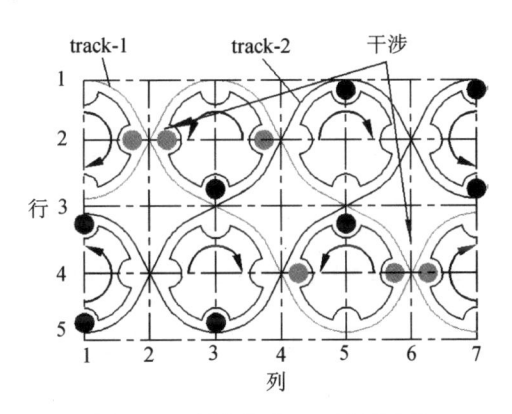

图 3-57 最小单位 484 横折轨道

表 3-6 每个基本轨道片段单元类型中锭子的位置和方向

转向	类型					
	x	y	z	u	v	w
ϕ^+						
ϕ^-						

轨道片段的分解与建模:484 横折轨道形式的轨道片段分解过程如图 3-58(a)所示。y 和 v 型轨道片段均通过 MtP 处,分别位于 484 横折轨道单元表面的上方和下方位置处。尽管它们看起来是相互镜像的,但必须对两个以上的 MtP 点进行分析,以获得在 MtP 处更精确的完全不碰撞的锭子排布。x 和 z 型轨道片段均通过 ScP 处,它们位于每个 484 横折轨道单元的两端部位置。u 和 w 型轨道片段均通过 MtP 处,它们位于 484 横折轨道单元的内部。因此,这六个基本轨道的类型是不同的。

$$f(i) = \begin{cases} x, z, & i = 2a \\ y, u, w, v, & i = 2a-1 \end{cases} \tag{3-12}$$

(a) 轨道单元基本类型分解过程

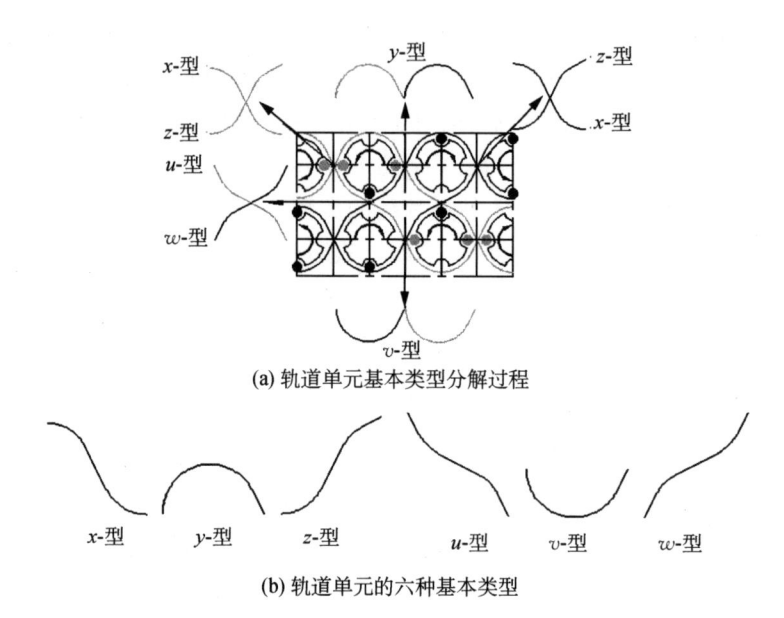

(b) 轨道单元的六种基本类型

图 3-58　基本轨道类型单元（由图 3-57 导出）

各轨道中锭子的对应位置及移动方向如表 3-6 所示，第 i 列，第 j 行槽口的位置是否携带有锭子由参数值 s_m^n 表示，其中符号 $m = x, y, z, u, v, w$；$n = 1, 2, 3$。具体表达式如下：

$$s_m^n = \begin{cases} 0, \text{叶轮的槽口中携带有锭子} \\ 1, \text{叶轮的槽口中没有携带锭子} \end{cases} \tag{3-13}$$

各叶轮的槽中锭子的状态用矩阵 S 表示，

$$S = \begin{bmatrix} S_1 \\ S_1 \\ \vdots \\ S_P \end{bmatrix} = [\tau_{ji}]_{P \times N} = \begin{bmatrix} s_{11} & s_{12} & \cdots & s_{1N} \\ s_{21} & s_{22} & \cdots & s_{2N} \\ \vdots & \vdots & \ddots & \vdots \\ s_{P1} & s_{P2} & \cdots & s_{PN} \end{bmatrix} \tag{3-14}$$

其中，参数 i 和 j 分别表示列和行（$j = 1, 2, \ldots, P$；$i = 1, 2, \ldots, N$）：

根据表 3-6 和式（3-13）可以确定叶轮的槽口位置是否携带有锭子（表 3-6 中的黑色实心点表示），得到锭子在轨道上的具体排列规则（用矩阵 S_c 表示）如下：

$$S_c = [S_{ji}^C]_{P \times N}(i \text{ 与 } j \text{ 为正整数}), \text{其中}, S_{ji}^C = [s_{m,n}^1(j, i) \quad s_{m,n}^2(j, i) \quad s_{m,n}^3(j, i)]$$

$$\tag{3-15}$$

其中矩阵 S_{ji}^C 表示每种类型轨道片段单元的锭子状态。任意两条轨道片段之间的相交叉关系可以形成不同的交点，从而形成不同的锭子之间的干涉关系；在 484 横折轨道中可以得到 18 种锭子之间的干涉关系，如图 3-59 所示中列出了 484 横折轨道中所有的锭子之间的碰撞关系。

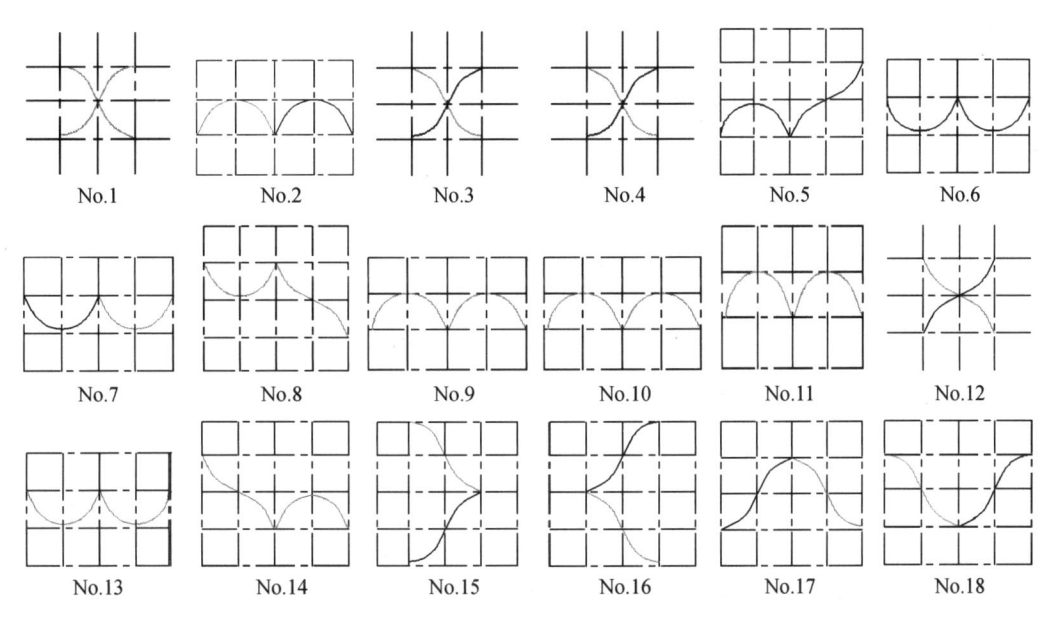

图 3-59 两条轨道之间可能发生碰撞的交叉关系

No.3 是通过 MtP 的内部锭子之间的碰撞关系，No.4 是通过 track-2 轨道中的 ScP 处的内部锭子之间的碰撞关系，因此，No.3 和 No.4 是明显不同的。No.6 是通过 track-2 轨道下表面的 ScP 处的锭子之间的碰撞关系，No.7 是通过 track-1 轨道下表面 ScP 处锭子之间的碰撞关系，No.13 是通过 track-1 轨道下表面 ScP 处锭子之间的碰撞关系。因此，No.6、No.7、No.13 的锭子碰撞关系也各不相同。No.9 是通过 track-1 轨道上表面的 ScP 处锭子之间的碰撞关系，No.10 通过 track-2 轨道上表面 ScP 处的锭子之间的碰撞关系。因此，No.9 和 No.10 也不一样。

根据式(3-12)~(3-15)，两个轨道单元之间的交叉点关系可以表示为 $s(x_k, i_k, j_k, \phi_k)s(x_t, i_t, j_t, \phi_t)$，由此，得到图 3-59 中 18 对轨道交叉的相交关系方程（$q_{ij}^1 - q_{ij}^{18}$）如下：

$$s(x, i, j, \phi^+)s(z, i, j, \phi^-) = s(x, i, j, \phi^-)s(z, i, j, \phi^+) = q_{ij}^1 \quad (3\text{-}16)$$

$$s(y, i+1, j-1, \phi^-)s(y, i+2, j-1, \phi^+)$$
$$= s(y, i+1, j-1, \phi^+)s(y, i+2, j-1, \phi^-) = q_{ij}^2 \quad (3\text{-}17)$$

$$s(x, i+2, j, \phi^+)s(z, i+2, j, \phi^-)$$
$$= s(x, i+2, j, \phi^-)s(z, i+2, j, \phi^+) = q_{ij}^3 \quad (3\text{-}18)$$

$$s(x, i+4, j, \phi^+)s(z, i+4, j, \phi^-)$$
$$= s(x, i+4, j, \phi^-)s(z, i+4, j, \phi^+) = q_{ij}^4 \quad (3\text{-}19)$$

$$s(y, i, j+3, \phi^-)s(w, i+1, j+2, \phi^+)$$
$$= s(y, i, j+3, \phi^+)s(w, i+1, j+2, \phi^-) = q_{ij}^5 \quad (3\text{-}20)$$

$$s(v, i-1, j+4, \phi^+)s(v, i+1, j+4, \phi^-)$$

$$\begin{aligned}&s(v, i+1, j+4, \phi^-)s(v, i+3, j+4, \phi^+)\\&=s(v, i-1, j+4, \phi^-)s(v, i+1, j+4, \phi^+)=q_{ij}^6\end{aligned} \qquad (3-21)$$

$$\begin{aligned}&s(v, i+1, j+4, \phi^-)s(v, i+3, j+4, \phi^+)\\&=s(v, i+1, j+4, \phi^+)s(v, i+3, j+4, \phi^-)=q_{ij}^7\end{aligned} \qquad (3-22)$$

$$\begin{aligned}&s(v, i+3, j+4, \phi^+)s(u, i+5, j+4, \phi^-)\\&=s(v, i+3, j+4, \phi^-)s(u, i+5, j+4, \phi^+)=q_{ij}^8\end{aligned} \qquad (3-23)$$

$$\begin{aligned}&s(y, i-1, j-1, \phi^+)s(y, i+1, j-1, \phi^-)\\&=s(y, i-1, j-1, \phi^-)s(y, i+1, j-1, \phi^+)=q_{ij}^9\end{aligned} \qquad (3-24)$$

$$\begin{aligned}&s(y, i+3, j-1, \phi^+)s(y, i+5, j-1, \phi^-)\\&=s(y, i+3, j-1, \phi^-)s(y, i+5, j-1, \phi^+)=q_{ij}^{10}\end{aligned} \qquad (3-25)$$

$$\begin{aligned}&s(w, i+3, j+1, \phi^-)s(v, i+5, j+1, \phi^+)\\&=s(w, i+3, j+1, \phi^+)s(v, i+5, j+1, \phi^-)=q_{ij}^{11}\end{aligned} \qquad (3-26)$$

$$\begin{aligned}&s(u, i+1, j+1, \phi^+)s(w, i+1, j+1, \phi^+)\\&=s(u, i+1, j+1, \phi^+)s(w, i+1, j+1, \phi^+)=q_{ij}^{12}\end{aligned} \qquad (3-27)$$

$$\begin{aligned}&s(v, i+4, j+4, \phi^+)s(v, i+5, j+4, \phi^-)\\&=s(v, i+4, j+4, \phi^-)s(v, i+5, j+4, \phi^+)=q_{ij}^{13}\end{aligned} \qquad (3-28)$$

$$\begin{aligned}&s(u, i+3, j+2, \phi^-)s(y, i+5, j+2, \phi^+)\\&=s(u, i+3, j+2, \phi^+)s(y, i+5, j+2, \phi^-)=q_{ij}^{14}\end{aligned} \qquad (3-29)$$

$$\begin{aligned}&s(x, i, j, \phi^+)s(z, i, j+3, \phi^+)\\&=s(x, i, j, \phi^+)s(z, i, j+3, \phi^+)=q_{ij}^{15}\end{aligned} \qquad (3-30)$$

$$\begin{aligned}&s(x, i+2, j+3, \phi^+)s(z, i+2, j, \phi^+)\\&=s(x, i+2, j+3, \phi^-)s(z, i+2, j, \phi^-)=q_{ij}^{16}\end{aligned} \qquad (3-31)$$

$$\begin{aligned}&s(x, i+3, j+1, \phi^-)s(z, i+1, j+1, \phi^+)\\&=s(x, i+3, j+1, \phi^+)s(z, i+1, j+1, \phi^-)=q_{ij}^{17}\end{aligned} \qquad (3-32)$$

$$\begin{aligned}&s(x, i+1, j+1, \phi^+)s(z, i+3, j+1, \phi^-)\\&=s(x, i+1, j+1, \phi^-)s(z, i+3, j+1, \phi^+)=q_{ij}^{18}\end{aligned} \qquad (3-33)$$

其中，

$$q_{ij}^1 = \bigcap_{g=1,2,3}\{(s_x^g(i,j)-1)(s_z^g(i,j)-1)\neq 0\};$$

$$q_{ij}^2 = \bigcap_{g=1,2,3}\{(s_x^g(i+1,j-1)-1)(s_z^{4-g}(i+2,j-1)-1)\neq 0\};$$

$$q_{ij}^3 = \bigcap_{g=1,2,3}\{(s_x^g(i+2,j)-1)(s_z^g(i+2,j)-1)\neq 0\};$$

$$q_{ij}^4 = \bigcap_{g=1,2,3}\{(s_x^g(i+4,j)-1)(s_z^g(i+4,j)-1)\neq 0\};$$

$$q_{ij}^5 = \bigcap_{g=1,2,3}\{(s_y^g(i,j+3)-1)(s_w^{4-g}(i+1,j+2)-1)\neq 0\};$$

$$q_{ij}^{6} = \bigcap_{g=1,2,3} \{(s_v^g(i-1,j+4)-1)(s_v^{4-g}(i+1,j+4)-1) \neq 0\};$$

$$q_{ij}^{7} = \bigcap_{g=1,2,3} \{(s_v^g(i+1,j+4)-1)(s_v^{4-g}(i+3,j+4)-1) \neq 0\};$$

$$q_{ij}^{8} = \bigcap_{g=1,2,3} \{(s_v^g(i+3,j+4)-1)(s_u^{4-g}(i+5,j+4)-1) \neq 0\};$$

$$q_{ij}^{9} = \bigcap_{g=1,2,3} \{(s_y^g(i-1,j-1)-1)(s_y^{4-g}(i+1,j-1)-1) \neq 0\};$$

$$q_{ij}^{10} = \bigcap_{g=1,2,3} \{(s_y^g(i+3,j-1)-1)(s_y^{4-g}(i+5,j-1)-1) \neq 0\};$$

$$q_{ij}^{11} = \bigcap_{g=1,2,3} \{(s_w^g(i+3,j+1)-1)(s_v^{4-g}(i+5,j+1)-1) \neq 0\};$$

$$q_{ij}^{12} = \bigcap_{g=1,2,3} \{(s_u^g(i+1,j+1)-1)(s_w^g(i+1,j+1)-1) \neq 0\};$$

$$q_{ij}^{13} = \bigcap_{g=1,2,3} \{(s_v^g(i+4,j+4)-1)(s_v^{4-g}(i+5,j+4)-1) \neq 0\};$$

$$q_{ij}^{14} = \bigcap_{g=1,2,3} \{(s_u^g(i+3,j+2)-1)(s_y^{4-g}(i+5,j+2)-1) \neq 0\};$$

$$q_{ij}^{15} = \bigcap_{g=1,2,3} \{(s_x^g(i,j)-1)(s_z^{4-g}(i,j+3)-1) \neq 0\};$$

$$q_{ij}^{16} = \bigcap_{g=1,2,3} \{(s_x^g(i+2,j+3)-1)(s_z^{4-g}(i+2,j)-1) \neq 0\};$$

$$q_{ij}^{17} = \bigcap_{g=1,2,3} \{(s_x^g(i+3,j+1)-1)(s_z^{4-g}(i+1,j+1)-1) \neq 0\};$$

$$q_{ij}^{18} = \bigcap_{g=1,2,3} \{(s_x^g(i+1,j+1)-1)(s_x^{4-g}(i+3,j+1)-1) \neq 0\};$$

最后，为避免任意时刻锭子运动至任意轨道交叉点处发生碰撞，采用两条相交轨道的逻辑关系式(3-16)~(3-33)，且不同的锭子位置必须满足式(3-34)。

$$T_{ji} = \prod_{k=1}^{P} \prod_{l=1}^{N} (\tau_{ji}\tau_{kl}), \ (i \text{ 与 } j \text{ 为正整数}) \tag{3-34}$$

将式(3-34)代入式(3-15)，得到表示各轨道中锭子布置初始位置矩阵。

确定锭子布置的数值表达：根据第3.6.2(2)节所建立的锭子位置之间的逻辑关系，可判断锭子之间是否会发生碰撞，从而保证所有的锭子都能够实现满锭排布在轨道的槽口中且相互之间不发生干涉。

根据轨道的位置和方向，得到两条相交轨道的具体方位数据。

$$S = \begin{bmatrix} s(x,2,2,\phi^+) & s(x,4,4,\phi^+) & s(z,6,4,\phi^+) & s(x,8,4,\phi^+) \\ s(z,2,2,\phi^-) & s(x,4,2,\phi^-) & s(x,6,4,\phi^-) & s(x,8,6,\phi^-) \\ s(x,10,6,\phi^+) & s(x,12,8,\phi^+) & s(z,14,8,\phi^+) \\ s(z,10,6,\phi^-) & s(x,12,6,\phi^-) & s(x,14,8,\phi^-) \end{bmatrix} \tag{3-35}$$

$$S' = \begin{bmatrix} s(z,2,8,\phi^+) & s(z,4,6,\phi^+) & s(x,6,6,\phi^+) & s(z,8,6,\phi^+) \\ s(x,2,8,\phi^-) & s(z,4,8,\phi^-) & s(z,6,6,\phi^-) & s(z,8,4,\phi^-) \\ s(z,10,4,\phi^+) & s(z,12,2,\phi^+) & s(x,14,2,\phi^+) \\ s(x,10,4,\phi^-) & s(z,12,4,\phi^-) & s(z,14,2,\phi^-) \end{bmatrix} \quad (3-36)$$

其中参数 S 和 S' 为两个相交轨道的矩阵。

$$T_{ji} = \prod_{k=1}^{P} \prod_{l=1}^{N} (\tau_{ji}\tau_{kl}) = (\tau_{11}\tau_{21})(\tau_{21}\tau_{11})(\tau_{13}\tau_{23})(\tau_{23}\tau_{13})(\tau_{15}\tau_{25})(\tau_{25}\tau_{15})(\tau_{17}\tau_{27})(\tau_{27}\tau_{17}) \quad (3-37)$$

附加条件为

$$S_{12}^C = S_{14}^C = S_{15}^C = S_{17}^C;\quad S_{22}^C = S_{24}^C = S_{25}^C = S_{27}^C \quad (3-38)$$

将式(3-16)、(3-18)、(3-19)代入式(3-37)以及(3-38)可知

$$T = q_{11}^1 \cap q_{12}^1 \cap q_{15}^1 \cap q_{16}^1 \cap q_{11}^3 \cap q_{12}^3 \cap q_{15}^3 \cap q_{16}^3$$

在初始时刻锭子的位置为 $S_1^c = \begin{bmatrix} 1 & 0 & 1 & 0 & 0 & 1 & 0 & 1 \end{bmatrix}$。则根据式(3-15),484 横折轨道中的锭子具体排列为

$$S_c = \begin{bmatrix} 1 & 0 & 1 & 0 & 0 & 1 & 0 & 1 \\ 0 & 1 & 0 & 1 & 1 & 0 & 1 & 0 \end{bmatrix} \quad (3-39)$$

由此可得 484 横折轨道上锭子的具体布置:"10100101"。

2. 同一轨道上子交叉点的携纱器干涉问题

以平带编织为例,如图 3-60 所示,叶轮驱动携纱器沿实线轨道从左到右运动,再沿虚线轨道从右到左运动,如此往复。在整个运动的过程中,实线轨道和虚线轨道发生交叉,交叉的位置称为自交叉点。

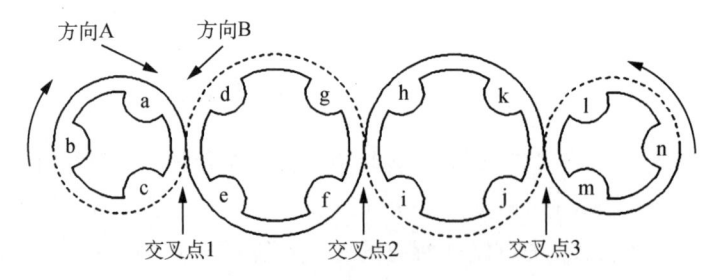

图 3-60 平带编织结构

以 t_0 为计时起始时刻,对图 3-60 中的交叉点 1 进行分析,将 t_0 时刻之后由方向 A 运动到交叉点 1 的携纱器排布规律称为"序列 A",由方向 B 运动到交叉点 1 的携纱器排布规律称为"序列 B"。因此序列 A 可表示为(abcdgijlnmkhfe……),序列 B 可表示为(dgijlnmkhfeabc……)。图中槽口处字母的值为 1 或 0 表示该槽口的携携纱器状态为"有"或"无"。为保证交叉点 1 无干涉,两序列相同位置的逻辑"与"(A&&B)不可出现大于 1 的数。

假设除交叉点 1 之外整条轨道运行无干涉,则可将交叉点 1 两侧的叶轮简化为等效叶轮,等效叶轮的槽口数分别等于交叉点 1 两侧叶轮的总槽口数,简化后的结构如图 3-61 所示。从序列 A 和 B 的排布可见,他们来自于同一种携纱器排布规律,不同之处仅在于他们的起始位置之间有 3 个错位(B 序列的第 1 位'd'为 A 序列的第 4 位)。此时,若该轨道上的携纱器序列满足错 3 位后与原序列"与"不产生大于 1 的数,则交叉点 1 处就不会发生锭子干涉现象。

锭子序列A：abcdgijlnmkhfe……
锭子序列B：dgijlnmkhfeabc……

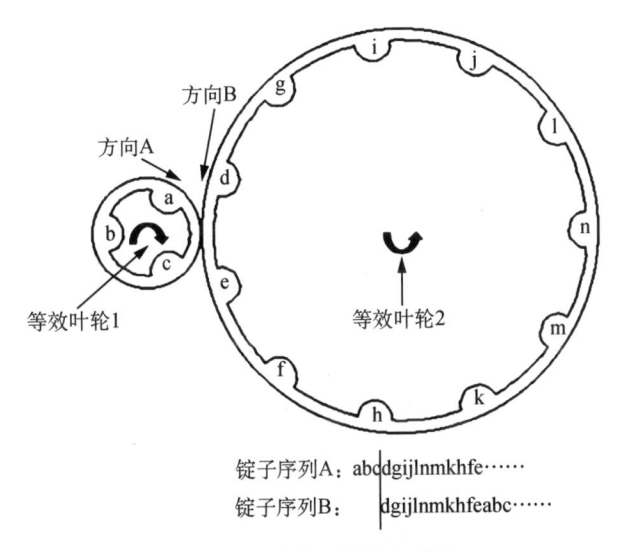

图 3-61　简化后的编织结构

轨道上的携纱器序列取决于携纱器排布规律,携纱器排布规律错位合并后结果如下:排布规律同为"10"的序列 A(101010……)与序列 B(010101……)逻辑"与"后,得到的序列是 111111……,每一位上都未出现大于 1 的数,因此不会干涉。序列 A 的第 1 位为"10"排布规律中的第 1 位,序列 B 的第 1 位为"10"排布规律第 2 位,两者的相位差为 1,将此相位差称为"10"排布的"错位数",即"10"排布规律的错位数是 1。同理,若排布规律都是"1100"的携纱器序列 C(11001100……)与序列 D(00110011……)逻辑"与"得到数字序列也是 111111……,也不会发生干涉。序列 C 的第 1 位为"1100"排布规律第 1 位,序列 D 的第 1 位为"1100"排布规律第 3 位,两者的相位差为 2,因此"1100"排布规律的错位数为 2。以此类推,"100"排布规律的错位数有两个,1 和 2,而"10100101"排布规律的错位数为 4。常用携纱器排布规律的错位数如表 3-3 所示。

通过上面的分析可知,遵循同一携纱器排布规律而起始位置不同的两个携纱器序列,若他们起始位置的差值等于该携纱器排布规律的错位数加上周期 T 的整数倍,则这两个序列不会发生干涉。假设图 3-62 中携纱器排布规律的周期为 T,对于交叉点 1,序列 A 与序列 B 的起始位置的差值 Δ 为 3(=等效叶轮 1 的槽口数),携纱器排布规律的错位数为 W,则当

$$\Delta = n \times T + W \quad (n \text{ 自然数}) \tag{3-40}$$

自交叉点 1 无干涉。对自交叉点 2、3 的干涉分析与自交叉点 1 基本相同,其差别在于等效

叶轮1的槽口数Δ不同。若Δ的变化值是周期T的整数倍,则上述不干涉条件依然成立,即自交叉点2、3、4不会发生干涉。

实际生产中,在含有自交叉点的单轨道编织系统里,已知携纱器轨道结构时,可通过下述方法选择合适的携纱器排布规律来避免锭子干涉:

① 携纱器的排布周期T取系统内两个交叉点之间的槽口数的公约数(决定两交叉点的Δ值的变化);

② 携纱器排布的错位数应等于边缘叶轮(与其他叶轮只有一个交叉点的叶轮)槽口数除以携纱器排布周期T的余数(为了保证n可解出)。如图3-60所示编织结构,两个交叉点之间槽口数的公约数为2和4,当周期$T=2$时,算得错位数为1,可选"10"排布规律;当$T=4$时,错位数是1和3,可选"1000"排布规律。

式(3-3)也可用来指导编织系统叶轮的选择,当携纱器排布规律已知时,其叶轮形式的选择原则是:

① 边缘等效叶轮槽口数等于$n \times T + W$;

② 相邻的两个交叉点之间的叶轮槽口数等于$n \times T$。

举例如下:"10"排布规律的周期$T=2$,错位数$W=1$。设计其编织结构时,需保证边缘等效叶轮槽口数为$2n+1$,两个交叉点之间的槽口数量应是2的倍数;又如"1100"排布规律,周期$T=4$,错位数$W=2$,设计其编织结构时,需保证边缘等效叶轮槽口数为$4n+2$,两个交叉点之间的槽口数应是4的倍数。

3. 不同轨道交叉点的携纱器干涉问题

编织单层管状织物时,携纱器在两条轨道上运行(图3-62中虚线和实线)。两轨道之间有若干交叉点。与单轨自交叉类似,若两条轨道同时有携纱器进入交叉点便会发生干涉,为保证系统的正常运行,各轨道中携纱器排布规律同样需满足一定关系。

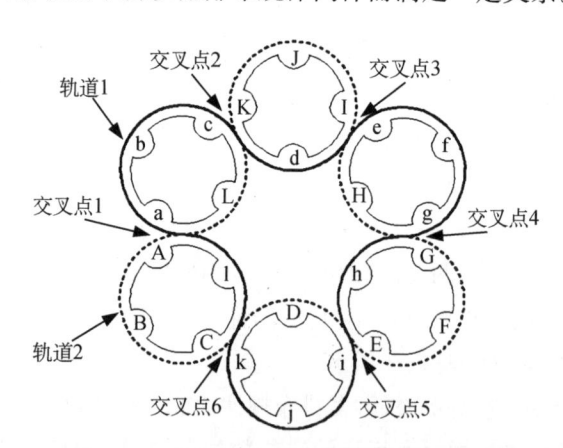

图3-62 单层管状编织物的携纱器和叶轮

在交叉点1,轨道1上的携纱器自b向a运动,轨道2上的携纱器自B向A运动。将从t_0时刻开始,沿轨道1运动到交叉点1的携纱器排布顺序称为序列α(abcdefghijkl…),由轨道2运动到交叉点1的携纱器排布顺序称为序列β(ABCDEFGHIJKL…)。为保证交叉点1无干涉,序列α&&β不可出现大于1的数。即序列α中为1时,同位置序列β应为0;序

α 中为 0 时,序列 β 在同位置为 0 或 1。若序列 α && β 全为 1,则称序列 α 与序列 β 为互补序列。由于序列 α 和 β 分别是轨道 1 和 2 中的携纱器的排布规律,若两序列互补,则两轨道的携纱器排布规律也是互补的。例如:"10"与"01"互补,"101101"与"010010"互补。

继续对图 3-62 的交叉点 2 进行分析,将 t_0 时刻之后经过交叉点 2 的轨道 1 和轨道 2 的携纱器序列分别记为序列 γ(defghijklabc……)和 δ(LABCDEFGHIJK……)。将序列 α、β、γ 和 δ 列表比较,由表 3-7 可知,序列 γ 的起始位置与序列 α 的起始位置相比,延迟了 3 个位置(等于轨道 1 上交叉点 1 与交叉点 2 之间的槽口数),序列 δ 的起始位置与序列 β 的起始位置相比,提前了 1 个位置(等于在轨道 2 上交叉点 1 与交叉点 2 之间的槽口数)。

表 3-7　t_0 时刻开始通过交叉点 1 和交叉点 2 的锭子序列

序列 α	abcdefghijklabcd……
序列 β	defghijklabcd……
序列 γ	ABCDEFGHIJKLABCD……
序列 δ	LABCDEFGHIJKLABCD……

因此,序列 γ && δ,就相当于将序列 α 和 β 分别错 4 位后再"与"。若错位数 4 是携纱器排布规律周期 T 的倍数,则错开 4 位的序列 β 与原序列相同,即序列 γ 与 δ 相"与"等于序列 α 与 β 相"与"。若 α 与 β 互补,则 γ 与 δ 也互补。综上所述,当交叉点 1 不干涉且携纱器排布规律周期 T 是错位数 4 的约数时,则交叉点 2 也不会发生干涉。

记交叉点 1 与交叉点 2 在轨道 1 上相距为 X_1 个槽口,在轨道 2 上相距为 Y_1 个槽口,交叉点 2 与 3、3 与 4、4 与 5、5 与 6、6 与 1 之间的距离类似,X_i、Y_i($i=1\sim6$)的值见表 3-8。

表 3-8　X_i、Y_i 的值

位置	i	X_i	Y_i
交叉点 1、2 之间	1	3	1
交叉点 2、3 之间	2	1	3
交叉点 3、4 之间	3	3	1
交叉点 4、5 之间	4	1	3
交叉点 5、6 之间	5	3	1
交叉点 6、7 之间	6	1	3

根据上述分析,在交叉点 1 不干涉的情况下,交叉点 2 不干涉的条件为:$(X_1+Y_1)/T=$ 正整数;同理,交叉点 3、4、5、6 不干涉的条件为:$(X_t+Y_t)/T=$ 正整数($t=2、3、4、5$)。

因此,不同轨道之间交叉时,为了避免携纱器干涉,携纱器排布规律的选择应遵循:交叉的两条轨道选择互补的携纱器排布规律,且在第一个交叉点处于互补交叉状态;携纱器排布规律周期 T 取两个交叉点之间槽口数的公约数(1 除外)。

上述方法也可用来指导叶轮的槽口数选择,其原则是:保证相邻的两个交叉点在两轨道上相距的槽口数之和是携纱器排布规律周期的倍数。

3.7 旋转体立体织物编织工艺

旋转体立体织物可以是管状的或实心的,截面形状、尺寸可以是固定的也可以是变化的,编织机上的叶轮可以在多个同心圆周上排布,携纱器根据织物组织的需要在不同圆周上穿梭,叶轮也可以按纵横矩阵形式排列,这种形式叫做笛卡尔排布。

3.7.1 圆形三维编织机

为了编织旋转体立体织物,通常是将轨道设计成如图 3-63 所示的形式,相同数量的叶轮分布在几个同心圆周上,叶轮的大小由内向外一次增大。轨道盘上的轨道槽在不同圆周之间也相互连通,这种联通可以是固定不变的,也可以利用前面所讲的变轨转盘实现。因此,携纱器不仅可以在某一圆周内运动,也可以在不同圆周内穿梭,从而牵引纱线将层与层联系起来。图 3-64 中实线所示就是携纱器行走的轨迹,而黑色圆点表示的是轴向纱。

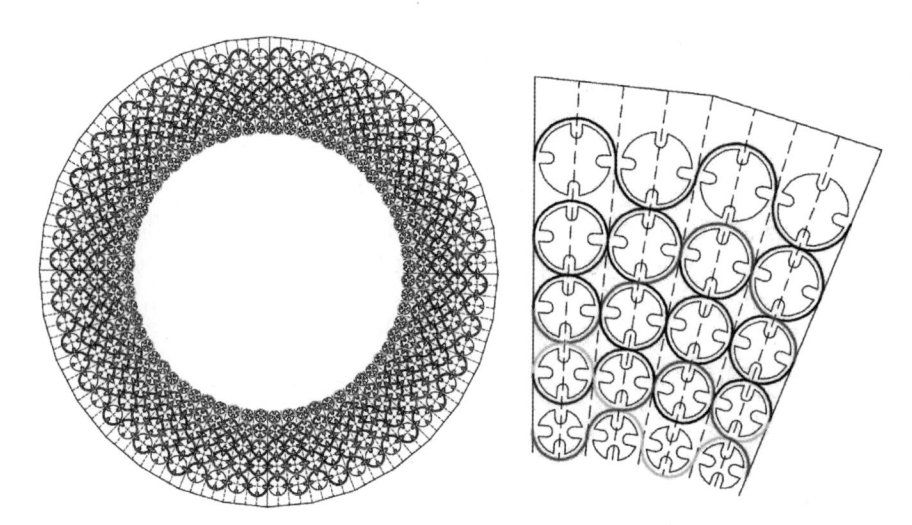

图 3-63 旋转体立体织物织造设备的轨道及叶轮布置形式

图 3-64 圆形布置编织机携纱器轨迹

3.7.2 笛卡尔三维编织

笛卡尔编织机上,叶轮以行和列的形式排列(图3-65),为了实现不同截面形状立体织物的编织,须根据织物截面形状需要,借助于变轨转盘的状态变换,改变携纱器的路径。

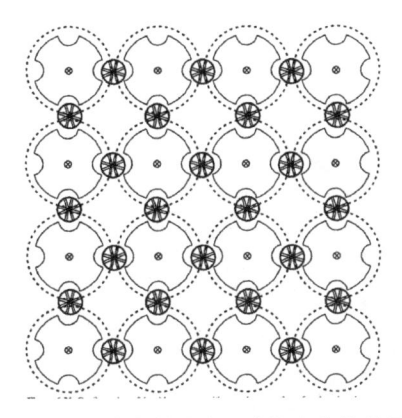

图3-65 笛卡尔编织机叶轮和变轨装置

1. 笛卡尔编织机上生产圆形截面立体织物

如图3-66所示,8×8笛卡尔编织机上携纱器的运行轨道共有两种,用实线和虚线表示,分别与水平方向呈±45°夹角。其中16—"0"表示,在编织圆形截面立体织物时,四个角上各有4个变轨装置的状态变为"0",其余的变轨装置的状态不变,从而参与编织的携纱器在最外层形成近似圆弧轨迹,实现圆形截面立体织物的编织。

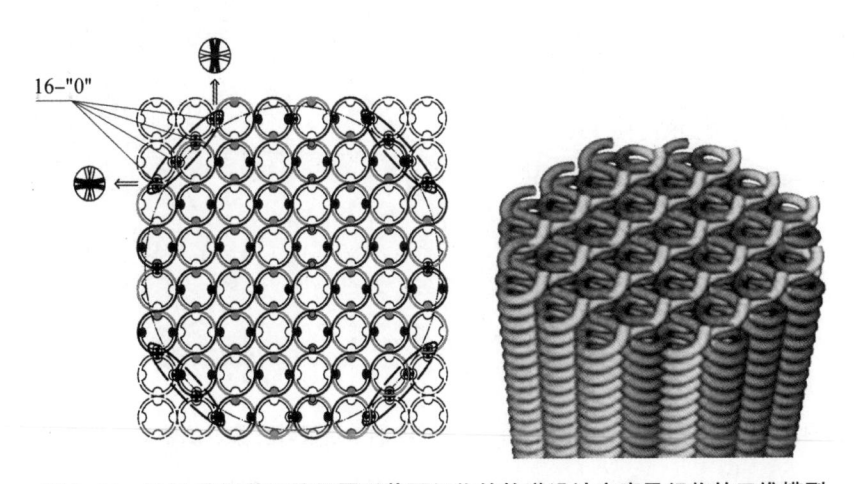

图3-66 8×8编织单元编织圆形截面织物的轨道设计方案及织物的三维模型

2. 笛卡尔编织机上生产圆形管状立体织物

与编织圆形实心截面立体织物相似,在8×8笛卡尔编织机上,携纱器的运行轨道也分实线和虚线两种,同样分别与水平方向呈±45°夹角。为了实现中空结构,除了四个角上各有4个变轨装置的状态变为"0"之外,在矩阵的中心处,将16个变轨转盘的状态也设置为

"0",从而实现外轮廓圆形,内部空心的圆环厚壁截面织物编织的轨道的布置与变轨转盘状态的变换,如图 3-67 所示。也就是说,织物的内径更大,织物的厚度变薄,但还是属于立体织物。而图 3-68 则是编织单层管状织物的轨道方案。可以看出,内圆轮廓的 16 个变轨装置的状态变为"0",为圆弧状态,其位置在上、下、左、右四个角落处,其余的变轨装置的状态不变,即可实现外轮廓圆形,内部空心的超薄壁圆环截面织物的编织。

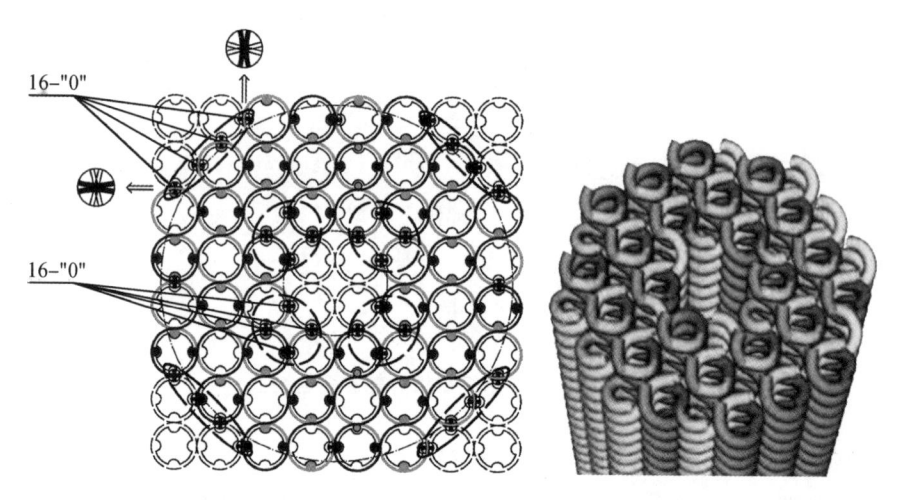

图 3-67　8×8 编织单元编织圆管截面织物的轨道设计方案及织物的三维模型

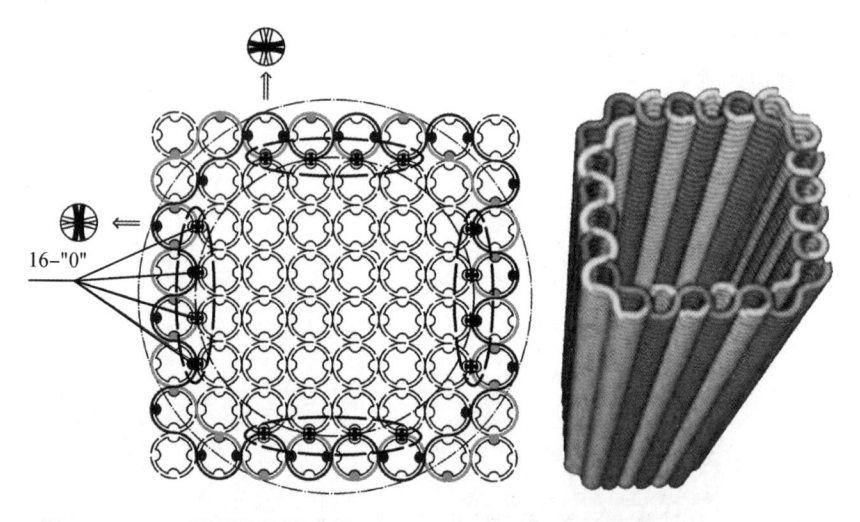

图 3-68　8×8 编织单元编织单层管状织物的轨道设计方案及织物的三维模型

3.7.3　阵列式三维编织

阵列式三维编织中锭子的运动由叶轮的转动和开关的转动两部分组成,如图 3-69 所示。运动过程具体描述为:在 t_0 时刻,锭子在各自的轨道上运动。灰色轨道标记为Ⅰ型轨道,该轨道上的锭子标记为Ⅰ型轨道锭子,包括Ⅰ-1 号和Ⅰ-3 号锭子。同样的,黑色的轨道标记为Ⅱ型轨道,黑色轨道上的锭子标记为Ⅱ型轨道锭子,包括第Ⅱ-2 号和Ⅱ-4 号锭子。灰色与黑色两个封闭轨道相互交叉，纱线在交点处交织在一起形成编织点，通过变轨转盘状态的灵活切换，可形成一种可变横截面形状的编织结构。在 t_1 时刻时，当横截面的形状结构需要改变时，也就是说，当两相邻叶轮的 2 号与 4 号槽口处变轨转盘的状态需要改变时，如图 3-69(b)所示，变轨转盘的状态值从"1"变为"0"，使得轨道Ⅰ-1 号和Ⅰ-3 号锭子移动至Ⅱ型轨道。然而，锭子的初始排布状态被打乱。为了重新变换回锭子原始的排布状态，两相邻叶轮的 2 号和 4 号槽口位置处的变轨转盘状态恢复到上一个运动状态，即数值由"0"变为"1"，如图 3-69(c)中 t_2 时刻所示。此时变轨转盘的运动状态允许形成新的截面形状的编织织物。通过不断调整变轨转盘的状态，使编织过程是非间断的、连续地运动，有效地避免了轨道交叉口处锭子之间的碰撞。虽然阵列式编织的锭子运动很容易用逻辑编程语言来描述，但很难用可计算的数学表达式来表示。

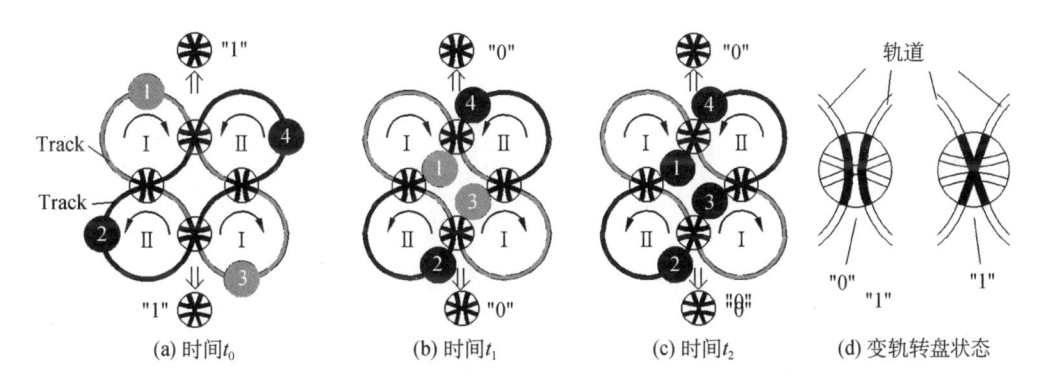

图 3-69 基于变结构编织的锭子与变轨转盘的运动机理

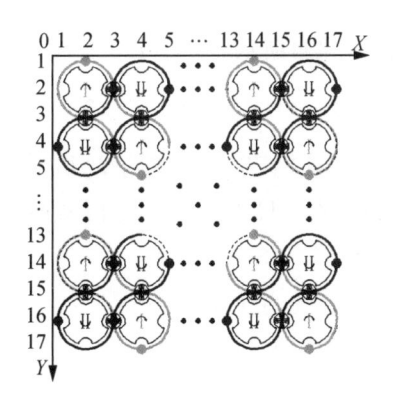

图 3-70 叶轮、锭子以及变轨转盘在轨道中的布置

1. 阵列式三维编织织物中纱线拓扑的符号运算

采用矩阵理论和符号运算对锭子运动进行建模，运用编织矩阵的计算方法来预测锭子在 8×8 斜轨道单元的运动路径，进而建立连接锭子的运动轨迹。以"矩形截面-圆形截面"的变结构编织为例，进行变结构编织的实现。

轨道Ⅰ和Ⅱ以及Ⅰ号叶轮和Ⅱ号叶轮的排布形式如图 3-70 所示。其中的灰色和黑色实心点分别表示叶轮的槽口中携带有锭子。否则，叶轮槽口中没有携带锭子。

通过建立如图 3-70 所示 XOY 直角坐标系，可以得到排布好的锭子在轨道中运动每一步后的坐标，从而得到了每根纱线的运动轨迹，然后，通过所有纱线的交错和分离，完成了"矩形截面-圆形截面"的三维变结构编织织物的成型。通过引入锭子在轨道中的坐标矩阵 $\boldsymbol{A}(k)$ 和变轨转盘的状态矩阵 $\boldsymbol{S}(k)$，如式(3-41)与式(3-42)所示，其中 k 为锭子在轨道中的运动步数，对编织过程中纱线轴上点的坐标变换进行建模和分析。

其中，矩阵 $\boldsymbol{A}(k)$ 中的每个元素用矢量 $m+n \cdot i$ 表示，其中 m，n 分别为对应锭子的 x，y 坐标值，如 $a_{11}=0$，$a_{21}=2+i \cdots a_{1717}=0$。而 $r_{a1} \sim r_{a17}$ 分别表示矩形横截面轨道中的锭子所在位置的行向量。锭子经过不同状态变轨转盘前后的 x，y 坐标的变换值描述了变轨转盘的运动状态在编织过程中对锭子运动的影响,如式(3-42)所示。

$$\mathbf{A}(k) = \begin{bmatrix} a_{11} & a_{12} & a_{13} & a_{14} & \cdots \\ a_{21} & a_{22} & a_{23} & a_{24} & \cdots \\ a_{31} & a_{32} & a_{33} & a_{34} & \cdots \\ a_{41} & a_{42} & a_{43} & a_{44} & \cdots \\ \vdots & \vdots & \vdots & \vdots & \cdots \\ a_{171} & a_{172} & a_{173} & a_{174} & \cdots \end{bmatrix} = \begin{bmatrix} r_{a1} \\ r_{a2} \\ r_{a3} \\ r_{a4} \\ \vdots \\ r_{a17} \end{bmatrix}, \quad (3\text{-}41)$$

$$\mathbf{S}(k) = \begin{bmatrix} 0 & 0 & 0 & 0 & \cdots \\ 0 & 0 & s_{23} & 0 & \cdots \\ 0 & s_{32} & 0 & s_{34} & \cdots \\ 0 & 0 & s_{43} & 0 & \cdots \\ \vdots & \vdots & \vdots & \vdots & \cdots \\ 0 & 0 & 0 & 0 & \cdots \end{bmatrix} = \begin{bmatrix} r_{s1} \\ r_{s2} \\ r_{s3} \\ r_{s4} \\ \vdots \\ r_{s17} \end{bmatrix} \quad (3\text{-}42)$$

其中 0 表示该两相邻的叶轮之间没有变轨转盘;其他元素的值用矢量 $c+v \cdot i$ 表示,c、v 的值对应锭子经过变轨转盘前后的 x,y 坐标变换值,如 $s_{23}=1+i$,$s_{32}=-1+i$,等;而 $r_{s1} \sim r_{s17}$ 分别表示矩形横截面的锭子坐标的行向量。将 $\mathbf{A}(k)$ 和 $\mathbf{S}(k)$ 上位置相同的元素相加,得到锭子在每一步编织运动中的坐标变换位置矩阵,如式(3-43)所示。

$$\mathbf{A}(k)[m,n] = \mathbf{A}(k-1)[m,n] + \mathbf{S}(k)[c,v] \quad (3\text{-}43)$$

锭子经过几个编织周期的运动后重新回到初始位置,如式(3-44)所示。

$$\mathbf{A}(T)[m,n] = \mathbf{A}(0)[m,n] \quad (3\text{-}44)$$

其中,T 为锭子的排布周期。编织模式 $\mathbf{S}(k)[c,v]$ 中的 $k=1 \sim T$,结合锭子的初始位置矩阵和变轨转盘的状态矩阵,从而确定锭子的运动规律和织物长度方向上恒定横截面形状的编织织物结构。

2. 阵列式编织的矩阵建模

当需要改变三维编织预制件的横截面形状时,建立矩阵 $\mathbf{A}(k+1)$,如式(3-45)所示:

$$\mathbf{A}(k+1) = F_k(\mathbf{A}(k)) = \begin{Bmatrix} r_{a1} \times \mathbf{E}_1 \\ r_{a2} \times \mathbf{E}_2 \\ r_{a3} \times \mathbf{E}_3 \\ r_{a4} \times \mathbf{E}_4 \\ \vdots \\ r_{a17} \times \mathbf{E}_{17} \end{Bmatrix} = (c_1 \quad c_2 \quad c_3 \quad c_4 \quad \cdots \quad c_{17}) \quad (3\text{-}45)$$

其中,$\mathbf{E}_1 \sim \mathbf{E}_{17}$ 是第 k 个截面形状的变换矩阵。$r_{a1} \sim r_{a17}$ 分别为矩阵 $\mathbf{A}(k+1)$ 的行向量,方程右乘以单位矩阵 $\mathbf{E}_1 \sim \mathbf{E}_{17}$,得到下一截面形状的纱线交织运动的三维编织矩阵。

当需要改变三维编织预制件横截面形状时,上面如式(3-45)所示的矩阵变换可以用函数 $F_k(A(k))$ 表示,其中的 $c_1 \sim c_{17}$ 表示下一截面形状的锭子排布的列向量。

以 8×8 叶轮配置的三维编织过程为例,对整个编织过程进行分析,其中单位矩阵 $E_1 \sim E_{17}$ 分别为:

$$E_1 = E_{17} = \begin{bmatrix} \overbrace{0\cdot\cdot\cdot 0}^{5} & & \\ & \overbrace{1\cdot\cdot\cdot 1}^{7} & \\ & & \overbrace{0\cdot\cdot\cdot 0}^{5} \end{bmatrix}, \quad E_2 = E_{16} = \begin{bmatrix} \overbrace{0\cdot\cdot\cdot 0}^{4} & & \\ & \overbrace{1\cdot\cdot\cdot 1}^{8} & \\ & & \overbrace{0\cdot\cdot\cdot 0}^{4} \end{bmatrix}$$

$$E_3 = E_{15} = \begin{bmatrix} \overbrace{0\cdot\cdot\cdot 0}^{3} & & \\ & \overbrace{1\cdot\cdot\cdot 1}^{9} & \\ & & \overbrace{0\cdot\cdot\cdot 0}^{3} \end{bmatrix}, \quad E_4 = E_{14} = \begin{bmatrix} \overbrace{0\cdot\cdot\cdot 0}^{2} & & \\ & \overbrace{1\cdot\cdot\cdot 1}^{10} & \\ & & \overbrace{0\cdot\cdot\cdot 0}^{2} \end{bmatrix}$$

$$E_5 = E_{13} = \begin{bmatrix} 0 & & \\ & \overbrace{1\cdot\cdot\cdot 1}^{11} & \\ & & 0 \end{bmatrix}, \quad E_6 = \cdots = E_{12} = \begin{bmatrix} 1 & & \\ & \overbrace{1\cdot\cdot\cdot 1}^{16} & \\ & & 1 \end{bmatrix}$$

3. 阵列式编织机上进行变结构编织织物中纱线拓扑的生成

锭子在轨道中的一个编织周期内的运动可描述为:沿着整个轨道槽口中运动整数周期后回到初始运动的位置。锭子运动过程中携带纱线的中心轴线的特征点所在空间位置决定了纱线在织物结构中的位置,本文选取轨道各单元曲线的中间位置作为 Z 向截面的特征点。根据锭子的在轨道中的叶轮与变轨转盘的共同影响,得到并存储对应锭子运动及其经过变轨转盘前后相应的 X 坐标和 Y 坐标位置变化。阵列式旋转编织机的轨道对应的锭子排布,如图3-71所示,其中,灰色轨道 1-1~1-7 以及黑色轨道 2-1~2-7 相互交叉,锭子在轨道槽口中的存在状态用表3-9所示的"0"和"1"表示。图3-71所示的 8×8 编织系统中共有 128 个锭子(槽口中用实心点表示)沿着其所在轨道运动,可得到对应纱线在空间位置的 128 个特征点。

表3-9 阵列式轨道中锭子的空间位置及存在状态

轨道	空间位置	锭子的存在状态
1-1	$X\begin{bmatrix} 2 & 3 & 4 & 5 & \cdots & 17 & 16 & 15 & \cdots & 3 & 2 & 1 \\ 1 & 2 & 3 & 4 & \cdots & 16 & 17 & 16 & \cdots & 4 & 3 & 2 \end{bmatrix}$	$\overbrace{1010}^{24''}\overbrace{10}^{10''}\cdots 101010$
1-2	$X\begin{bmatrix} 2 & 3 & 4 & 5 & \cdots & 13 & 12 & 11 & \cdots & 3 & 2 & 1 \\ 5 & 6 & 7 & 8 & \cdots & 16 & 17 & 16 & \cdots & 8 & 7 & 6 \end{bmatrix}$	$\overbrace{1010}^{16''}\overbrace{10}^{10''}\cdots 101010$

(续表)

轨道	空间位置	锭子的存在状态
1-3	$X\begin{bmatrix} 6 & 7 & 8 & 9 & \cdots & 17 & 16 & 15 & \cdots & 7 & 6 & 5 \\ 1 & 2 & 3 & 4 & \cdots & 12 & 13 & 12 & \cdots & 4 & 3 & 2 \end{bmatrix}$	$\overset{16''}{1010}\overset{10''}{10}\cdots 101010$
1-4	$X\begin{bmatrix} 10 & 11 & 12 & \cdots & 17 & 16 & 15 & \cdots & 10 & 9 \\ 1 & 2 & 3 & \cdots & 8 & 9 & 8 & \cdots & 3 & 2 \end{bmatrix}$	1010101010101010
1-5	$X\begin{bmatrix} 2 & 3 & 4 & \cdots & 9 & 8 & 7 & \cdots & 2 & 1 \\ 9 & 10 & 11 & \cdots & 16 & 17 & 16 & \cdots & 11 & 10 \end{bmatrix}$	1010101010101010
1-6	$X\begin{bmatrix} 2 & 3 & 4 & 5 & 4 & 3 & 2 & 1 \\ 13 & 14 & 15 & 16 & 17 & 16 & 15 & 14 \end{bmatrix}$	10101010
1-7	$X\begin{bmatrix} 14 & 15 & 16 & 17 & 16 & 15 & 14 & 13 \\ 1 & 2 & 3 & 4 & 5 & 4 & 3 & 2 \end{bmatrix}$	10101010
2-1	$X\begin{bmatrix} 16 & 15 & 14 & 13 & \cdots & 1 & 2 & 3 & \cdots & 15 & 16 & 17 \\ 1 & 2 & 3 & 4 & \cdots & 16 & 17 & 16 & \cdots & 4 & 3 & 2 \end{bmatrix}$	$\overset{24''}{0101}\overset{01''}{01}\cdots 010101$
2-2	$X\begin{bmatrix} 16 & 15 & 14 & 13 & \cdots & 5 & 6 & 7 & \cdots & 15 & 16 & 17 \\ 5 & 6 & 7 & 8 & \cdots & 16 & 17 & 16 & \cdots & 8 & 7 & 6 \end{bmatrix}$	$\overset{16''}{0101}\overset{01''}{01}\cdots 010101$
2-3	$X\begin{bmatrix} 12 & 11 & 10 & 9 & \cdots & 1 & 2 & 3 & \cdots & 11 & 12 & 13 \\ 1 & 2 & 3 & 4 & \cdots & 12 & 13 & 12 & \cdots & 4 & 3 & 2 \end{bmatrix}$	$\overset{16''}{0101}\overset{01''}{01}\cdots 010101$
2-4	$X\begin{bmatrix} 8 & 7 & 6 & 5 & 4 & 3 & 2 & 1 & 2 & 3 & 4 & 5 & 6 & 7 & 8 & 9 \\ 1 & 2 & 3 & 4 & 5 & 6 & 7 & 8 & 9 & 8 & 7 & 6 & 5 & 4 & 3 & 2 \end{bmatrix}$	0101010101010101
2-5	$X\begin{bmatrix} 16 & 15 & 14 & \cdots & 9 & 10 & 11 & \cdots & 16 & 17 \\ 9 & 10 & 11 & \cdots & 16 & 17 & 16 & \cdots & 11 & 10 \end{bmatrix}$	0101010101010101
2-6	$X\begin{bmatrix} 16 & 15 & 14 & 13 & 14 & 15 & 16 & 17 \\ 13 & 14 & 15 & 16 & 17 & 16 & 15 & 14 \end{bmatrix}$	01010101
2-7	$X\begin{bmatrix} 4 & 3 & 2 & 1 & 2 & 3 & 4 & 5 \\ 1 & 2 & 3 & 4 & 5 & 4 & 3 & 2 \end{bmatrix}$	01010101

在表 3-9 中，在初始时间 t_0 时，首先对锭子在轨道中叶轮槽口的初始位置进行标记。然后在此基础上，建立 128 个纱线轴线上点的数据库和锭子在轨道中的轨迹数据库。

锭子从图 3-71 所示的初始位置出发沿着其所在轨道运动，当需要改变预制件的横截面形状时，预制件横截面外的锭子改变运动路径，整个运动过程如图 3-72 所示，进而完成了实现"矩形截面形状-圆形截面形状"的变结构编织预制件所需锭子排布的变化方案。

根据描述的方法，对数据库中 128 条纱线轴线的在 Z 向上的横截面的 x 和 y 的数值分别进行拟合和插值。通过将插值后的数据存储到新的数据库中，然后使用 MATLAB 软件调用这些数据，并将纱线轴线的特征点逐个绘制成纱线在空间的拓扑结构，其中不同轨道上的纱线用不同的颜色定义。最后绘制出从矩形截面到圆形截面的变结构编织织物拓扑结构图，如图 3-73 所示。

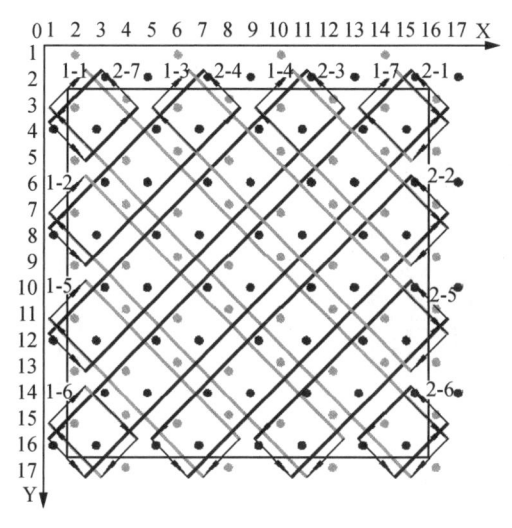

图 3-71　矩形截面轨道中锭子坐标位置及运动轨迹图

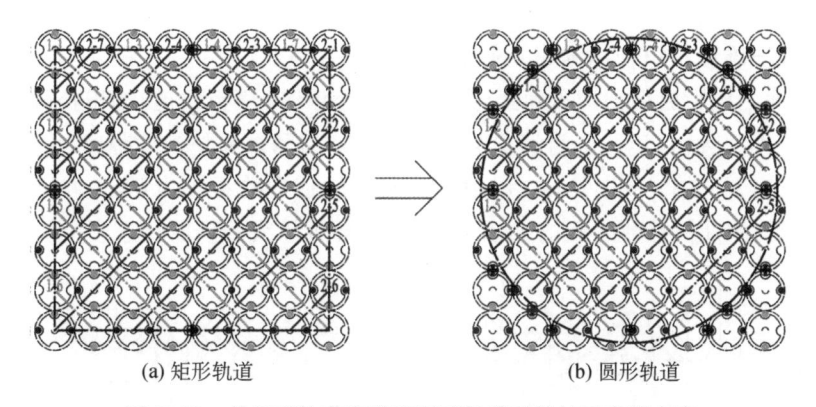

(a) 矩形轨道　　　　　　　　　(b) 圆形轨道

图 3-72　从矩形轨道变换到圆形轨道时的锭子布置方案

(a) 整体织物的纱线拓扑　　(b) 矩形截面的纱线拓扑　　(c) 圆形截面的纱线拓扑

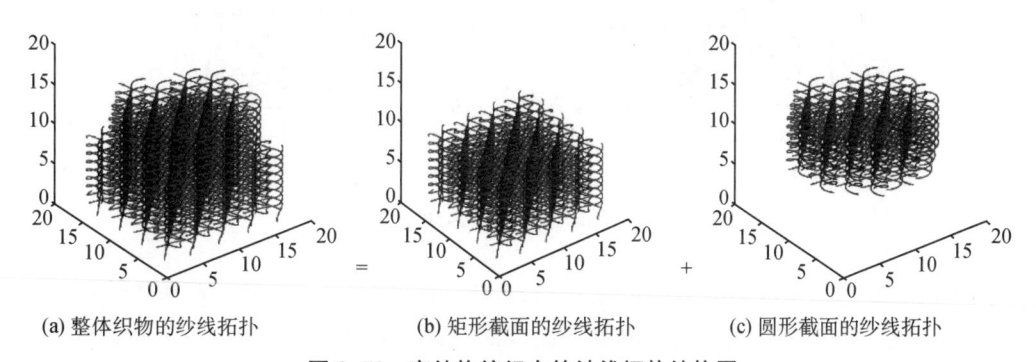

图 3-73　变结构编织中的纱线拓扑结构图

4. 阵列式编织织物结构的特性研究

根据第 3.7.3(1)～3.7.3(3) 节的纱线拓扑的建模方法，运用 MATLAB 软件建立具有矩形截面形状三维编织织物的纱线拓扑结构，如图 3-74 所示。不同轨道中的锭子运动带动不同颜色的纱线相互交织组成织物中的纱线拓扑结构形式。不同颜色的纱线在织物内部相交时形成内纱,内纱的每个交点只有两条垂直的线段相交,使得交叉后的纱线相互制约。内纱结构是决定预制件纱线拓扑的关键。

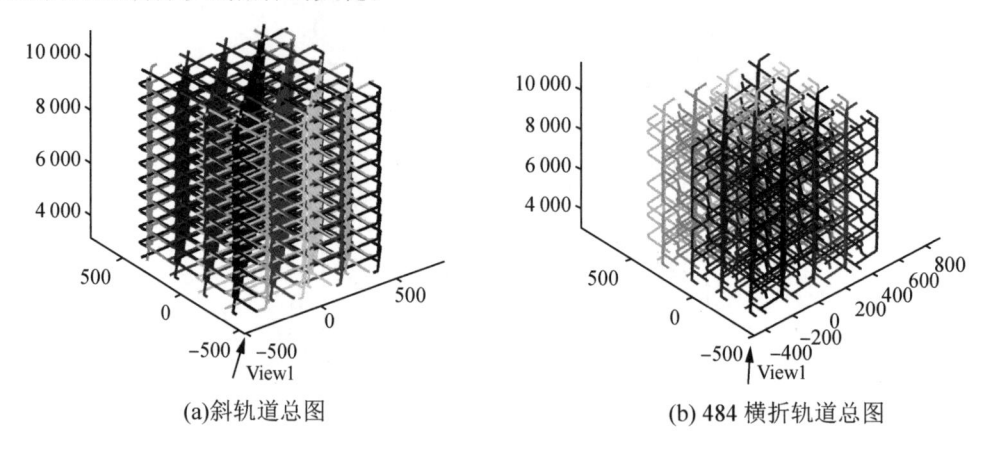

(a)斜轨道总图　　　　　　　(b)484横折轨道总图

图 3-74　两种轨道交叉类型织物对应的纱线拓扑

5. 阵列式三维编织织物中纱线几何形态预测

在45°平面上投影后得到两种轨道形式(斜轨道和484横折轨道)的拓扑模型,并对其进行分析,如图3-75所示,其中 h 为编织节距长度, $2a$ 为两相邻平行纱距离, γ 为内部编织角度。在斜轨道构型上的 $a=1/4h\tan\gamma$,在484横折轨道中的 $a=1/6h\tan\gamma$ 。两种轨道构型中纱线拓扑结构的几何参数之间的关系不同,从而导致纱线的挤压状态不同。

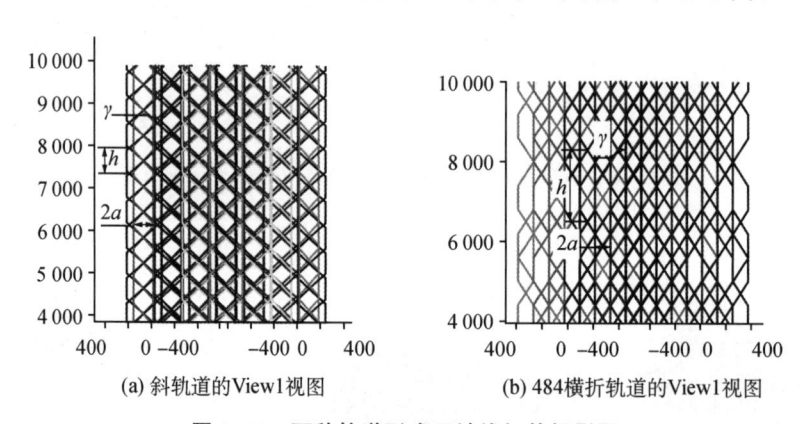

(a)斜轨道的View1视图　　　　　　　(b)484横折轨道的View1视图

图 3-75　两种轨道形式下纱线拓扑投影图

两种轨道形式下形成的纱线间的挤压机理如图3-76所示,其中, $2b$ 为纱线横截面宽度。在无轴向纱线的阵列式编织轨道编织而成的三维编织预制件中,每一条纱线的6个位置最多受到6根纱线的挤压,其中4根相互垂直,2根相互平行。纱线横截面的最大宽度 $2b_{max}=(h/2)\tan\gamma$,由两根垂直的纱线挤压而成。

当 $a \geqslant b_{max}$ 时,纱线之间的接触最多发生在平行的纱线之间,此时, $b=b_{max}$,织物中纱线的横截面形状是菱形。当 $a<b_{max}$ 时,垂直纱和平行纱之间发生表面接触,此时的 $b=a$,织物中纱线横截面的形状是六边形。

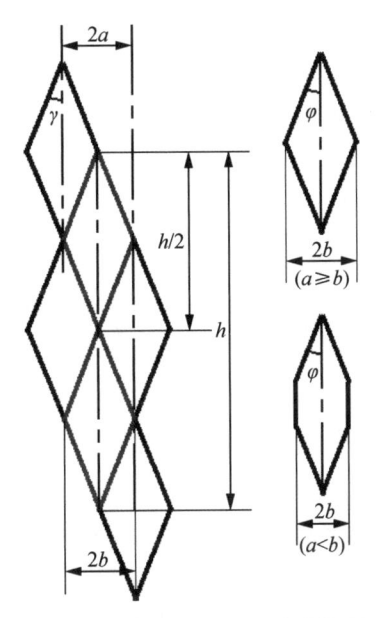

图 3-76 不同挤压状态下的纱线截面形状

纤维在纱线中的体积分数用符号 ε 表示

$$\varepsilon = \frac{\pi D_y^2}{4S} \tag{3-46}$$

式中，S 为纱线形状横截面的面积，$D_y = \sqrt{\dfrac{4\lambda}{\pi \rho}}$ 为纱线的当量直径，λ 为纱线的线密度，ρ 为纤维的密度。两种轨道形式下内纱的符号参数如表 3-10 所示。

表 3-10 两种轨道形式下的内纱符号参数

符号参数	斜轨道	484 横折轨道
a	$\dfrac{h}{4}\tan\gamma$	$\dfrac{h}{6}\tan\gamma$
b	$\dfrac{h}{4}\tan\gamma$	$\dfrac{h}{6}\tan\gamma$
S	$\dfrac{5h^2\tan\gamma}{8}\sin\gamma$	$\dfrac{h^2\tan\gamma}{18}\sin\gamma$
h	$\dfrac{3}{\sin\gamma}\sqrt{\dfrac{2\varepsilon\lambda\cos\gamma}{5\rho}}$	$\dfrac{2}{\sin\gamma}\sqrt{\dfrac{2\varepsilon\lambda\cos\gamma}{\rho}}$

将织物结构进行分割，并以 45°的角度逆时针旋转，得到两种轨道形式的分割图。两种轨道形式对应的三个单元胞的几何参数如图 3-77 所示。

然后得到织物的宏观尺寸如下所示

$$T_i = W_i = 4a$$

$$T_s = 2\sqrt{2}a + b, \qquad W_s = 4\sqrt{2}a$$

(a) 斜轨道　　　　　　　　　　(b) 484横折轨道

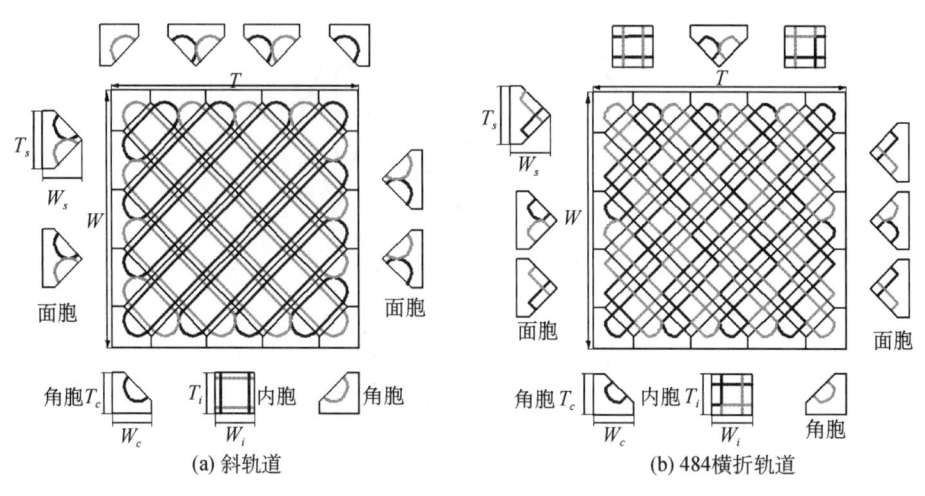

图 3-77　两种轨道形式下织物的单胞分裂示意图

$$T_c = W_c = 2\sqrt{2}\,a + b$$

$$T = 8 \cdot \frac{\sqrt{2}}{2} \cdot T_i + 2 \cdot \left(T_c - \frac{\sqrt{2}}{2} \cdot T_i\right)$$

$$W = 8 \cdot \frac{\sqrt{2}}{2} \cdot W_i + 2 \cdot \left(W_c - \frac{\sqrt{2}}{2} \cdot W_i\right)$$

斜轨道和 484 横折轨道形式下的的相应织物的节距的长度为 $4a/\tan\gamma$ 和 $6a/\tan\gamma$，如图 3-78 所示。考虑到内部单胞区域所需锭子的排布使得纱线拓扑结构有较大差异，设定符号 S_i(S_i^o，S_i^{484} 分别表示为斜轨道和 484 横折轨道)，纤维体积分数 V_{if}(V_{if}^o，V_{if}^{484} 分别表示为斜轨道和 484 横折轨道)。

$$S_i^o = 3\sqrt{\frac{2\varepsilon\lambda}{5\rho\cos\gamma}} \times 3\sqrt{\frac{2\varepsilon\lambda}{5\rho\cos\gamma}}, \quad V_{if}^o = \frac{\sqrt{5}}{3}\varepsilon$$

$$S_i^{484} = 2\sqrt{\frac{2\varepsilon\lambda}{\rho\cos\gamma}} \times 2\sqrt{\frac{2\varepsilon\lambda}{\rho\cos\gamma}}, \quad V_{if}^{484} = \frac{1}{2}\varepsilon$$

(a) 斜轨道　　　　　(b) 484横折轨道

图 3-78　两种轨道形式下的内部单胞示意图

由 484 横折轨道与斜轨道的计算结果可知,当编织轨道和锭子布置周期不同时,其几何参数存在一定差异。为了提高 484 横折轨道的纤维的体积分数和减少纱线的弯曲,将轴向纱添加到叶轮的轴线空间中,防止编织纱线在编织过程中发生弯曲以提高编织纱线的利用率,当如图 3-79(a)所示的轴向纱尺寸增大时,编织纱与轴向纱的接触位置将逐渐变成表面接触,而 484 横折轨道经过拓扑变化,可形成 484 对称轨道(图 3-79(b))以及 484 多向轨道(图 3-79(c))。

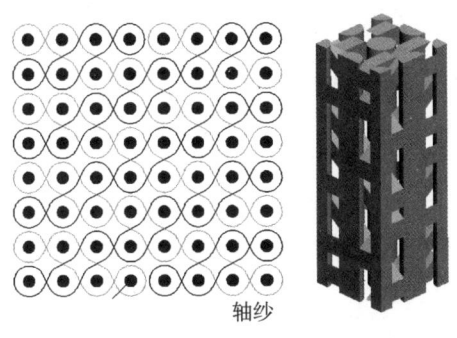

(a) 含轴向纱的484横折轨道及其内胞示意图

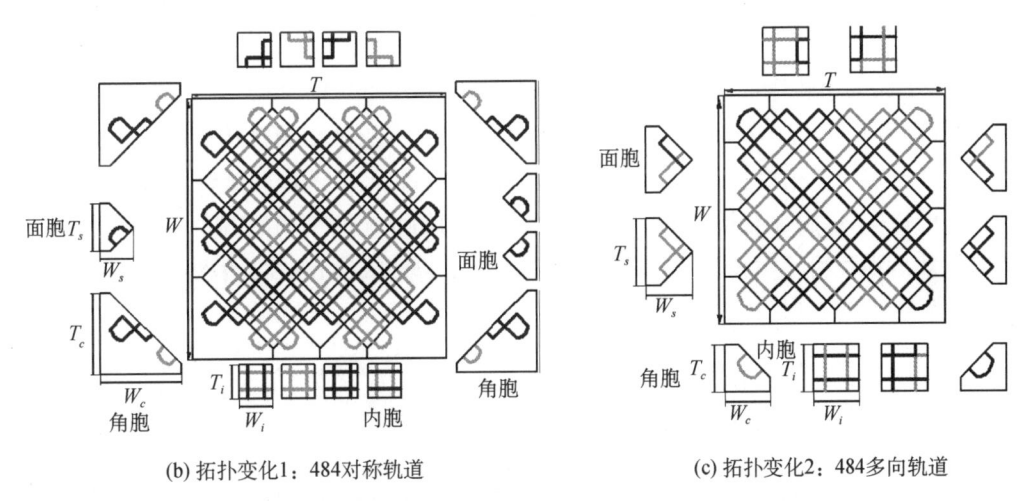

(b) 拓扑变化1:484对称轨道

(c) 拓扑变化2:484多向轨道

图 3-79 含轴向纱的 484 横折轨道及 484 轨道的拓扑变化

3.8 变结构三维连续编织预制件的实现

图 3-80 为 2 行 2 列(2×2)叶轮布置的轨道拼接示意图。其中,带圈数字表示锭子,带旋转符号的十字符号表示叶轮,叶轮四周的直线代表状态为 0(轨道路线堵死)的变轨转盘。初始位置时,变轨转盘的状态全部为 0,即轨道全部断开,锭子只能在叶轮槽口内绕叶轮自转。将图 3-80(a)中内部位置处四个变轨转盘的状态全部变为 1(轨道路线重新连接),同时叶轮驱动锭子旋转叶轮 45°(图 3-80(b))。由于图 3-80(b)中所示的内部位置处轨道连通,锭子 03、12、33 与 42 分别转移到相邻的叶轮处(图 3-80(c)、(d))。若是需要将轨道路线堵死,将图 3-80(d)中的叶轮再旋转 45°,并使图 3-80(d)所示内部位置处的变轨转盘状态重新

变为 0 即可。

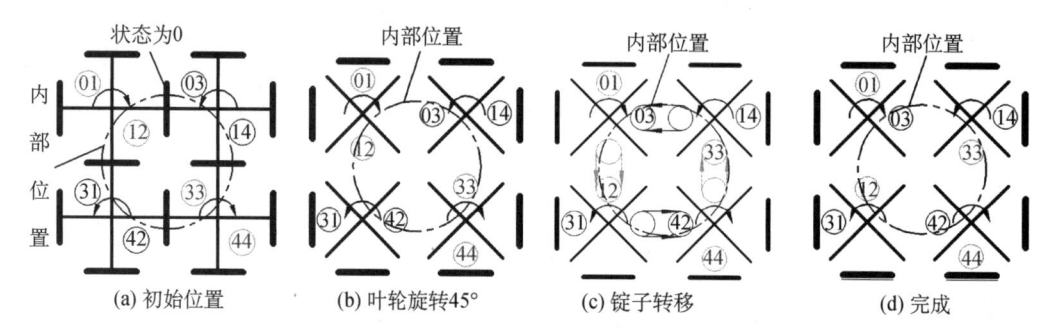

(a) 初始位置　　(b) 叶轮旋转45°　　(c) 锭子转移　　(d) 完成

图 3-80　2×2 叶轮布置的轨道拼接示意图

在图 3-80 所示的 2×2 叶轮布置轨道中,锭子布置采用较为常用的"10"排布(见图 3-81),锭子"10"排布表示锭子的排布周期为 2,当周期内的锭子在第 1 个槽口处有锭子时记为"1",在第 2 个槽口处没有锭子时记为"0",然后依次循环进行锭子排布。由于锭子排布周期为 2,因此轨道中不存在锭子干涉问题。

3.8.1　基于轨道变换法的纱线编织规律分析

图 3-81 为基于轨道变换法的加纱示意图,其中,"2×2""4×4"为轨道花盘上的叶轮排列形式,分别表示"2 行×2 列""4 行×4 列"。对编织轨道花盘和变轨转盘做简化处理,并用两种颜色区分锭子。初始状态的锭子按照满锭(每个叶轮最多携带两个锭子)状态布置在每个叶轮的槽口中,以确保有最多的纱线参与编织。初始状态时变轨转盘的状态全部为 0(轨道全部断开),当叶轮开始转动后,叶轮槽口内的锭子只能绕所在叶轮转动,使得该叶轮上两个锭子各自携带的一根纱线相互缠绕。

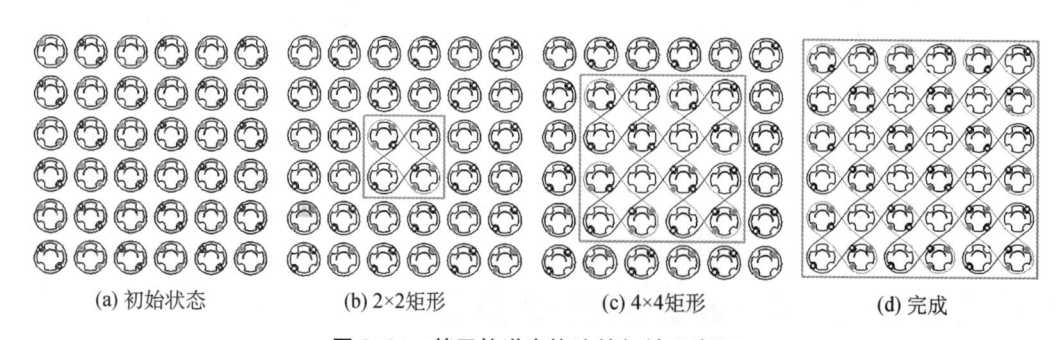

(a) 初始状态　　(b) 2×2矩形　　(c) 4×4矩形　　(d) 完成

图 3-81　基于轨道变换法的加纱示意图

执行编织任务时,根据预制件的截面形状将初始位置状态时相应截面形状内的变轨转盘状态变换为 1(图 3-81(b)~(d)),形成截面需要的轨道交叉形式,即截面形状内的轨道由断开状态变为连通状态,只需在叶轮转动到初始状态时变换截面内相应位置处的变轨转盘状态(采用舵机控制,舵机额定转速为 6.16 rad/s),即可执行下一个编织任务(叶轮的转速为 6.19 r/min)。而预制件截面形状区域外的变轨转盘保持原始状态即初始状态,其每个叶轮上两个锭子带动相应纱线在叶轮自转驱动下相互缠绕。

当编织横截面形状沿编织方向连续变化的织物时,只需在锭子运动至变轨转盘的45°方向(图 3-80(a))时,将截面形状区域内的变轨转盘状态变换为1(轨道连通状态)即可。

锭子进入变轨转盘位置前后的示意图如图 3-82 所示。当锭子处于变轨转盘区域外时,变轨转盘的转动不受限制(图 3-82(a))。而当锭子处于变轨转盘区域内时,锭子就像销钉一样使得变轨转盘与轨道花盘连接在一起无法转动(图 3-82(b))。因此,只有锭子运动至偏离变轨转盘区域时,变轨转盘才能自由旋转,轨道才能正常拼接。

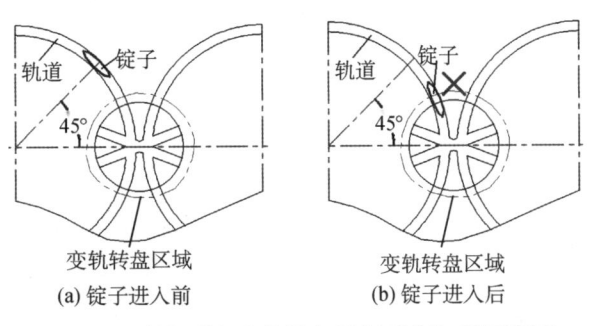

图 3-82 锭子进入变轨转盘所在区域前、后示意图

预制件截面形状逐渐缩小(减纱)的工艺流程与图 3-81 的加纱操作相反,具体过程为:将预制件截面形状区域外的相应变轨转盘的状态变为 0,使区域外的轨道断开,从而减少参与预制件截面形状内编织的纱线,而预制件截面形状区域内的纱线相互编织成型,最终完成编织结构的成型。

3.8.2 轨道变换过程中的纱线数量加/减规律分析

由图 3-81 可以看出,当三维编织物的截面形状逐渐增大时,每次增加的纱线数量根据所增加的参与编织的叶轮数量而定。从初始状态变为编织 2×2 矩形(截面形状)三维织物时,增加 3 个叶轮参与编织,则增加的纱线数量为 6(增加参与编织的纱线数量)=2(倍数)×3(增加的参与编织的叶轮数量)。以此类推,当编织截面形状逐渐增大的三维织物时,需要增加的纱线数量(N_+)与增加的参与编织的叶轮数量(n_{h+})的关系为 $N_+=2n_{h+}$。当截面形状逐渐减小时,其每次减少的纱线数量为 $N_-=2n_{h-}$,n_{h-} 为减少的参与编织的叶轮数量。

3.8.3 矩形-圆形-矩形截面三维立体编织工艺分析

图 3-83 为截面形状突变的变结构三维编织试件。该截面突变编织试件不仅截面面积变化,截面形状(矩形-圆形-矩形)也在变化,其中上、下两个矩形截面面积相等。在编织过程中,试件在截面 P_1 与 P_2 之间的截面形状为矩形,截面 P_2 与 P_3 之间的截面形状为圆形,截面 P_3 与 P_4 之间为矩形。

图 3-83 所示的三维变结构编织试件共有 4 个截面,其中,截面 P_2 与 P_3 分别为减纱和加纱截面,设定在截面 P_1 至 P_2 截面之间编织时的纱线数量为 N_0,$N_0=2n_{hr}$,n_{hr} 为编织机在截面 P_1 与截面

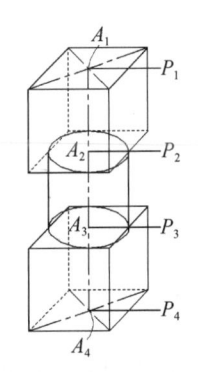

图 3-83 变结构三维编织试件

P_2 之间编织时参与编织的叶轮数量。当编织至减纱截面 P_2 时,参与编织的纱线数量变化为 N_1,$N_1=2(N_0-n_{h-})$,n_{h-} 为编织机编织至截面 P_2 时,减少的参与编织的角轮数量。而编织至加纱截面 P_3 时,参与编织的纱线数量为 N_2,$N_2=2(N_1+n_{h+})$,n_{h+} 为编织机编织至截面 P_3 时,相对于截面 P_2 增加的参与编织的叶轮数量。

3.8.4 变结构三维编织纱线路径拟合及预制件实现

拟合前的变结构三维编织预制件的纱线路径仿真图如图 3-84 所示。绘出的三维变结构连续编织预制件中纱线的空间路径为折线,无法体现纱线之间的真实交织情况,且其矩形截面与圆形截面处的区别不明显。

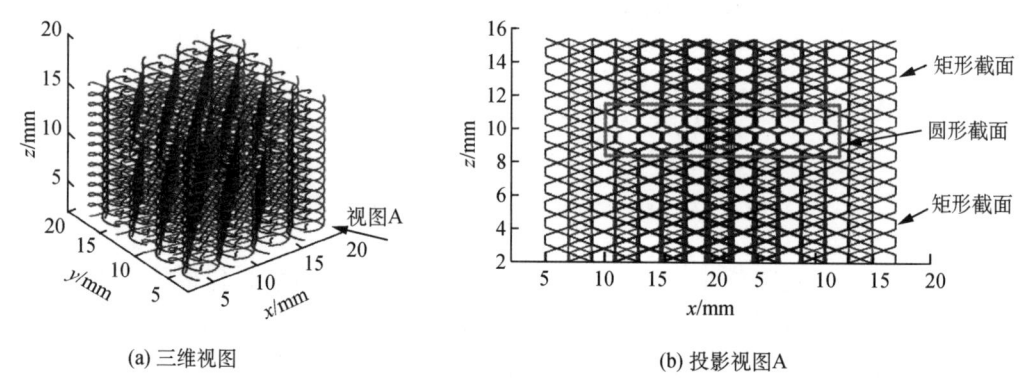

(a) 三维视图

(b) 投影视图A

图 3-84 拟合前的变结构三维编织预制件的纱线路径仿真图

基于 MATLAB 软件中的样条指令 csaps(x,y,p) 对图 3-84 所示的纱线的空间路径进行平滑处理,其中,x、y 为位置点坐标,p 为权因子,$0 \leqslant p \leqslant 1$。

$$\text{csaps}(x,y,p) = \min p \sum_i w_i (y_i - f(x_i))^2 + (1-p) \int (D^2 f) t^2 \mathrm{d}t$$

式中:w 为权重,默认为 1。$D^2 f$ 为样条函数 csaps(x,y,p) 在 x_i 处的二阶导数,根据原始空间路径的 x,y,z 数值,分别将 z 与 x、z 与 y 拟合,其中 $p=1$。

每条空间纱线中的 z 与 x 样条函数中三次多项式的系数用矩阵 $\boldsymbol{C}_{\text{PP}}$ 表示。

$$\boldsymbol{C}_{\text{PP}} = \begin{bmatrix} a_1 & b_1 & c_1 & d_1 \\ a_2 & b_2 & c_2 & d_2 \\ a_3 & b_3 & c_3 & d_3 \\ a_4 & b_4 & c_4 & d_4 \\ a_5 & b_5 & c_5 & d_5 \\ a_6 & b_6 & c_6 & d_6 \\ a_7 & b_7 & c_7 & d_7 \end{bmatrix}$$

从而得到表示每个样条曲线多项式 $s(z)$:

$$s(z) = \begin{cases} a_1(z-1)^3 - b_1(z-1) + 2 & 1 \leqslant z \leqslant 2 \\ a_2(z-2)^3 + b_2(z-2)^2 + c_2(z-2) + 1 & 2 < z \leqslant 3 \\ a_3(z-3)^3 - b_3(z-3)^2 + c_3(z-3) + 2 & 3 < z \leqslant 4 \\ a_4(z-4)^3 - b_4(z-4)^2 + c_4(z-4) + 3 & 4 < z \leqslant 5 \\ a_5(z-5)^3 + b_5(z-5)^2 + c_5(z-5) + 4 & 5 < z \leqslant 6 \\ a_6(z-6)^3 - b_6(z-6)^2 + c_6(z-6) + 5 & 6 < z \leqslant 7 \\ a_7(z-2)^3 + b_7(z-2)^2 - c_7(z-2) + 4 & 7 \leqslant z \leqslant 8 \end{cases}$$

式中：a_i，b_i，c_i，d_i ($i=1, 2 \cdots 7$) 对应 7 个分段 3 次多项式的系数。

然后，利用函数 $x_i = \text{ppval}(\text{csaps}(x,z,p), z_i)$ 与 $y_i = \text{ppval}(\text{csaps}(y,z,p), z_i)$ 分别对 z 与 x、z 与 y 进行插值处理。插值后的纱线轨迹曲线如图 3-85 所示。从图 3-85(b) 的投影视图 A 中可清晰分辨出变结构三维编织预制件中的矩形截面与圆形截面。

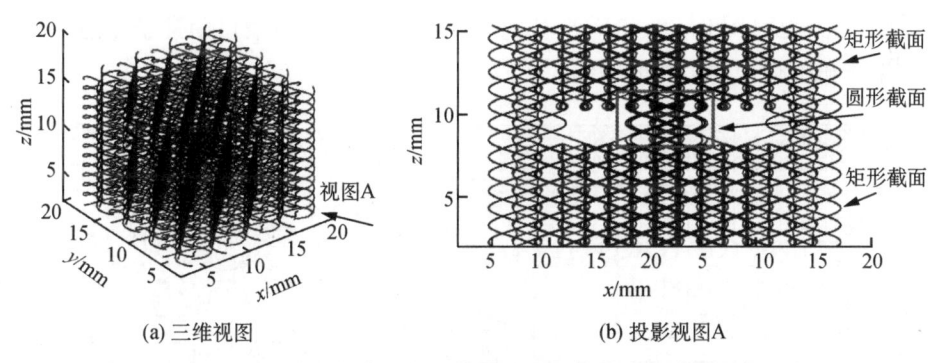

(a) 三维视图　　　　　　　　(b) 投影视图A

图 3-85　拟合后的变结构三维编织预制件的纱线路径仿真图

如图 3-86 所示为本文中设计的阵列式三维旋转编织机，由底盘支撑部分、主体与变轨转盘的控制部分以及牵引部分组成。编织完成后的预制件如图 3-87 所示，中间部分的减纱区域（圆柱体区域）会有多余的未参与编织的纱线，可将这些纱线剪掉。由于减纱后的三维变结构编织预制件内部的纱线之间仍为六面约束，预制件多余纱线的剪除不会对预制件整体的使用功能产生影响。

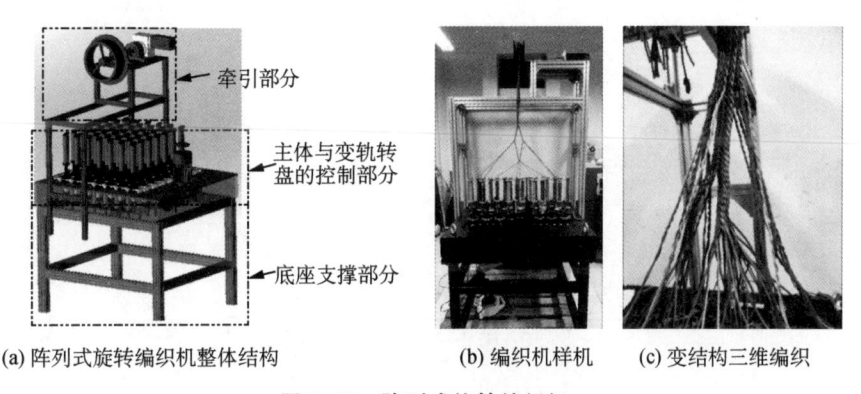

(a) 阵列式旋转编织机整体结构　　(b) 编织机样机　　(c) 变结构三维编织

图 3-86　阵列式旋转编织机

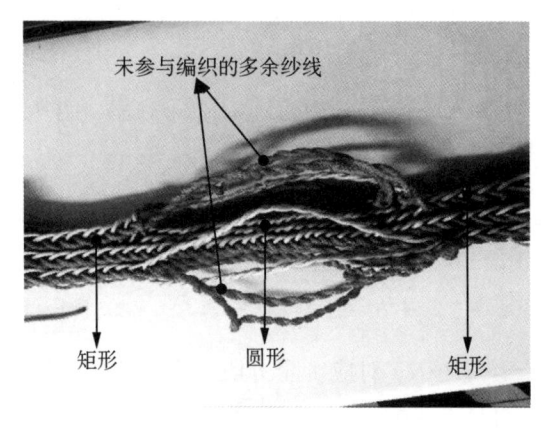

图 3-87 变结构三维编织物

由图 3-59 和式(3-3)、式(3-4)、式(3-29),得到了分别由 10 条和 3 条相交的 484 横折轨道构成的矩形截面(图 3-88)和 T 形截面(图 3-89)轨道中各槽口中锭子状态矩阵以及在方形旋转编织机上得到两个截面的编织织物。

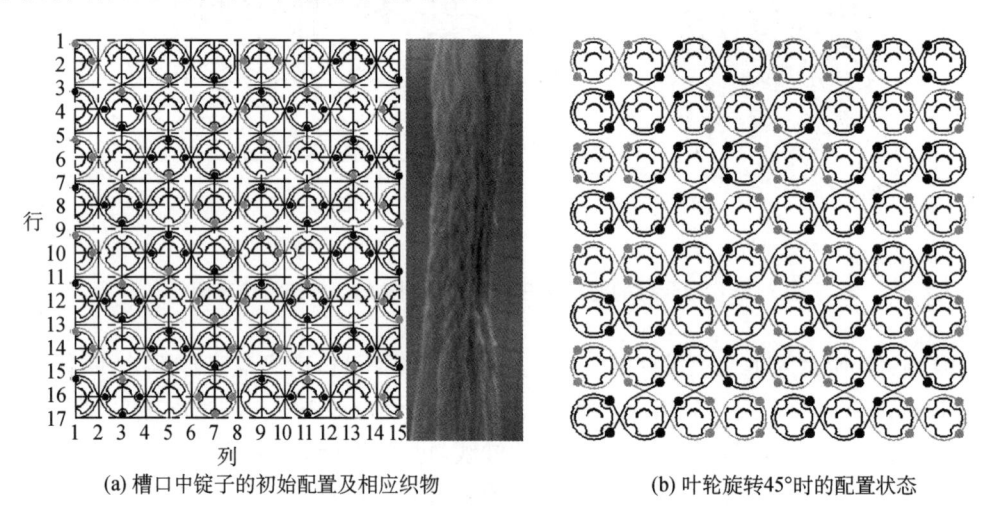

(a) 槽口中锭子的初始配置及相应织物　　　　(b) 叶轮旋转45°时的配置状态

图 3-88 矩形截面锭子排布的 484 横折轨道及其织物

其中,

$$S_{矩形} = \begin{bmatrix} S_1 \\ S_2 \\ \vdots \\ S_{17} \end{bmatrix} = \begin{bmatrix} s_{11} & s_{12} & \cdots & s_{1(15)} \\ s_{21} & s_{22} & \cdots & s_{2(15)} \\ \vdots & \vdots & \ddots & \vdots \\ s_{(17)1} & s_{(17)2} & \cdots & s_{(17)(15)} \end{bmatrix}$$

其中参数,

$$S_1 = [1\ \overbrace{0\cdots0}^{3}\ 1\ \overbrace{0\cdots0}^{3}\ 1\ \overbrace{0\cdots0}^{3}\ 1\ 0\ 0],$$

$$S_2, S_4, S_6, S_8, S_{10}, S_{12}, S_{14}, S_{16} = [1\ 0\ 1\ 0\ 1\ 0\ 1\ 0\ 1\ 0\ 1\ 0\ 1\ 0\ 1],$$

$$S_3,S_5,S_7,S_9,S_{11},S_{13},S_{15}=[0\,1\,0\,1\,0\,1\,0\,1\,0\,1\,0\,1\,0],$$

$$S_{17}=\begin{bmatrix}0\,0\,1\,\overbrace{0\cdots0}^{3}\,1\,\overbrace{0\cdots0}^{3}\,1\,\overbrace{0\cdots0}^{3}\,1\end{bmatrix}$$

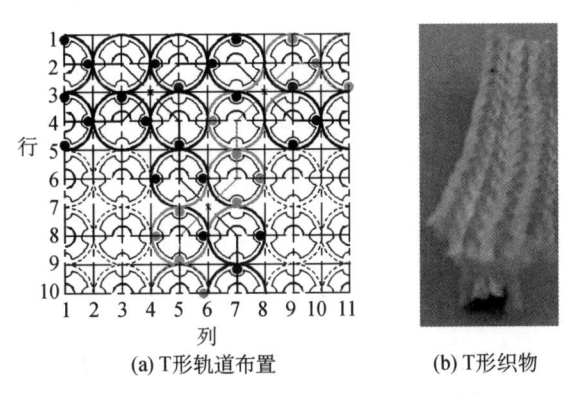

(a) T形轨道布置　　(b) T形织物

图 3-89　具有三种 484 横折轨道组合的 T 形轨道及其织物

其中，

$$S_{\text{T形}}=\begin{bmatrix}S_1\\S_2\\\vdots\\S_6\\S_7\\\vdots\\S_{10}\end{bmatrix}=\begin{bmatrix}s_{11}&\cdots&s_{1(11)}\\s_{21}&\cdots&s_{2(11)}\\\vdots&\vdots&\vdots\\s_{61}&\cdots&s_{6(11)}\\\underbrace{0\cdots0}_{3}&s_{74}&\cdots&s_{78}&\underbrace{0\cdots0}_{3}\\\vdots&\ddots&\vdots&\ddots&\vdots\\\underbrace{0\cdots0}_{3}&s_{(10)4}&\cdots&s_{(10)8}&\underbrace{0\cdots0}_{3}\end{bmatrix}$$

其中参数，

$$S_1=\begin{bmatrix}1\,\overbrace{0\cdots0}^{5}\,1\,0\,1\,0\,1\end{bmatrix},S_2,S_4=\begin{bmatrix}0\,1\,0\,1\,0\,1\,\overbrace{0\cdots0}^{3}\,1\,0\end{bmatrix},S_3=[1\,0\,1\,0\,1\,0\,1\,0\,1\,0\,1]$$

$$S_5=\begin{bmatrix}1\,\overbrace{0\cdots0}^{3}\,1\,0\,1\,0\,1\,0\,0\end{bmatrix},S_6,S_8=\begin{bmatrix}1\,0\,1\,0\,1\end{bmatrix},S_7,S_9=\begin{bmatrix}0\,1\,0\,1\,0\end{bmatrix},S_{10}=\begin{bmatrix}0\,0\,1\,0\,0\end{bmatrix}$$

本章参考文献

[1] 顾生辉.无结网编织成形技术研究[D].上海：东华大学，2017.
[2] KYOSEV Y. Advanced in braiding technology[M]. UK：Woodhead Publishing，2016：3-78.

[3] KYOSEV Y. Braiding technology for textiles[M]. Amsterdam: Elsevier, 2014.

[4] 顾生辉,孙志宏,吕宏展,等. 基于轨道组合的异形截面编织物成型方法[J]. 东华大学学报(自然科学版),2021,47(1):41-47.

[5] SHAO G W, SUN Z H, ZHOU Q H, et al. Track design and realization of braiding for three-dimensional variably shaped cross-section preforms[J]. Journal of Engineered Fibers and Fabrics,2021,16:1-11.

[6] SHAO G W, SUN Z H, CHEN G, et al. Designing of the tracks and modeling of the carrier arrangement in square rotary braiding machine[J]. Applied Sciences-Basel, 2021, 11(17):1-13.

[7] 邵国为,孙志宏,王振喜,等.三维突变截面预制件的编织工艺[J].东华大学学报(自然科学版),2022,48(1):47-52.

[8] 孙志宏,方涛,王振喜,等.异形截面立体编织的锭子轨道设计方法[J].东华大学学报(自然科学版),2022,48(1):40-46.

[9] TSUZUKI M, KIMBARA M, FUKUTA K, et al. Three-dimensional fabric woven by interlacing threads with rotor driven carriers:US5067525[P]. 1991.

[10] YU Q,SUN Z,QIU Y,et al. Study on the braiding of preform with special-shaped sections basedon the two-dimensional braiding process[J]. Textile Research Journal,2019,89(2):172-181.

[11] https://herzog-online.com

[12] MUNGALOV D, BOGDANOVICH A. Automated 3-D braiding machine and method:US6439096[P]. 2002-08-27.

[13] BOGDANOVICH A, MUNGALOV D. Innovative 3-D braiding process and automated machine for its industrial realization [C]//Society for the advancement of material and process engineering. International SAMPE Europe Conference. 2002:529-540.

[14] LAOURINE E, SCHNEIDER M, WULFHORST B. Production and analysis of 3D braided textilepreforms for composites[C]. Proceedings of Texcomp,2000.

第四章
针织工艺生产立体织物的原理

4.1 针织工艺简介

针织工艺是利用织针将纱线弯曲成线圈,并把线圈相互串套形成织物的工艺过程。针织机的分类方法很多,按工艺类别可分为纬编针织机和经编针织机两大类。而纬编针织机又包括横机、圆纬机、织袜机和无缝内衣机。经编机又分为单针床、双针床和多轴向经编机。

4.1.1 纬编

纬编针织机生产时,纱线由纬向喂入针织机的工作针上,使纱线顺序地弯曲成圈,并相互穿套而形成圆筒形(圆纬机、袜机、无缝内衣机等)或平幅形针织物(横机)。图4-1是纬编针织物的成圈结构,图4-2是圆纬机,图4-3是纬编横机。

图4-1 纬编针织物成圈结构 　　图4-2 圆纬机 　　图4-3 纬编横机

4.1.2 经编

用经编针织机编织,采用一组或几组经向平行排列的纱线,在经编机的所有工作针上同时进行成圈而形成的平幅形或圆筒形针织物。图4-4是经编织物的线圈结构,图4-5是经编机。

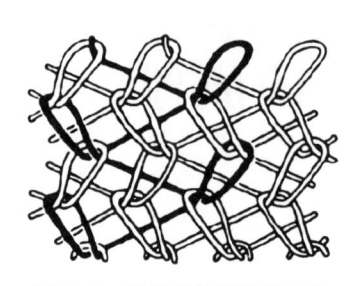

图 4-4　经编织物的线圈结构　　　　图 4-5　经编机

4.2　纬编立体织物

目前纬编生产的三维针织物主要有两大类,为三维叠层针织物以及三维全成形针织物,主要是通过收放针、改变线圈长度或采用浮线等工艺使织物在形状上形成空间曲面状或分支结构,或者产生具有一定厚度的立体织物。图 4-6 所示是圆纬机上生产的几种常规具有空间结构的针织物。

(a) 纬编变径管状织物　　(b) 纬编分支结构织物　　(c) 纬编 L 型织物

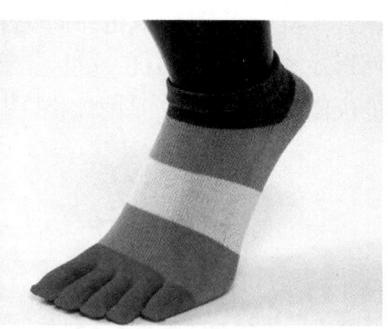

图 4-6　纬编立体织物

4.2.1　横机生产立体织物的关键技术

横机是一种双针床纬编针织机,两个针床成 V 字形排布(图 4-7),传统上用来生产套衫及其他外衣。随着计算机技术的发展,在电脑横机上实现了对送纱张力和织物牵拉张力,换纱、花型及组织变化,线圈长度变化等方面的自动控制,尤其是电子单针选针技术与成圈机件(压脚或握持沉降片)的使用,使横机上能够实现三维针织物的生产。

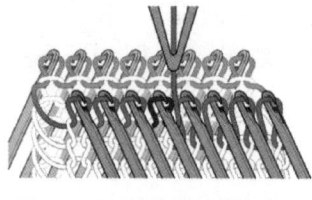

图 4-7　V 型排布的横机织针

1. 电子选针技术

电子单针选针具备多功位编织技术,且无方向移圈时具有分针功能。如三功位编织技术实现同一横列中同时有"编织"、"集圈"和"浮线"三种编织状态,且各系统独立。在三功位编织机技术基础上发展的五功位编织技术,具有"长线圈成圈"、"短线圈成圈"、"长线圈集圈"、"短线圈集圈"和"浮线"五功位编织功能。另外,移圈技术由受圈—接圈—移圈发展为受圈—接长线圈—接短线圈—移圈的四功位移圈技术,扩大了织物的组织品种。移圈时采用分针技术,避免了孔洞的出现并保证花型立体感好。

2. 计算机控制技术

由于计算机控制技术的运用,织造过程中可在静态线圈控制、动态线圈控制、以及静态与动态线圈组合控制三种方法中任意选择线圈长度的控制方法,从而实现对针织线圈长度的精准控制。

3. 握持沉降片技术

同压脚的作用一样,沉降片也有牵拉握持线圈的作用,但压脚作用的是一段区域,而沉降片是配置在每一根织针的旁边(图4-8),能很好地控制每一针上的旧线圈和新纱线,使横机上也可以生产具有三维效应的立体织物,同时利于开袋等全成形编织。

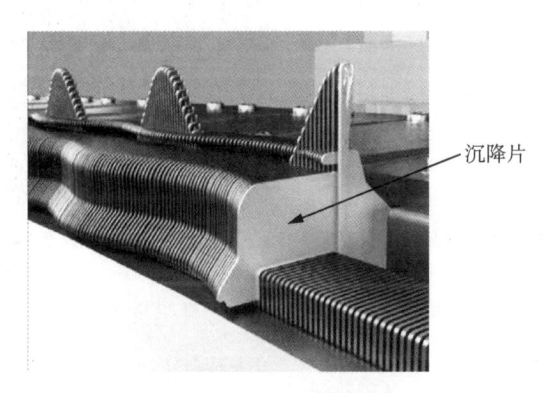

图4-8 沉降片示意图

4.2.2 基于横机的三维全成形编织原理

三维全成形针织物,主要是通过电脑横机上织物编织宽度方向上参与工作的织针数的增减、织物组织结构的变化(如移圈等)以及沿针织线圈的长度的变化来改变织物的尺寸以形成所需形状的针织物。目前在针织横机上实现三维全成形编织的方法主要有下面三种。

1. 不同织物组织相结合

通过改变织物组织结构参数以及利用弹性不同、延伸性不同的各种组织结构之间相互组合,使针织物获得各种形状。例如纱线种类和弯纱深度相同,但组织结构不同的织物,其几何尺寸也不相同。

2. 改变线圈长度

同样的组织结构,如果线圈长度不同,则织物的几何尺寸也会不同。因此编织过程中织物的不同部分采用不同的线圈长度也可以达到成形目的,而电脑横机的三角自动调节可以方便地实现线圈长度的变化。

3. 收放针

这是横机上最有效、应用也最多的一种成形编织方法,主要是织物在编织的过程中,通过增减参与工作的织针数而改变线圈的纵行数,达到形成不同的平面或者是三维立体形状的目的。具有单针选针和持圈收放针功能的电脑横机保证了这种方法的实现。

收放针分为持圈和移圈两种方式,只有持圈收放针才能形成三维成形结构。持圈式收放针又被称为休止收放针或握持式收放针。当进行持圈收放针时,一些织针暂时退出编织工作,但这些织针上的旧线圈既不转移也不脱掉,而是依旧握持在其针钩里,只是在一段时间里不参加编织工作,待完成所要求的收放针数之后再重新进入正常的编织工作(图 4-9)。

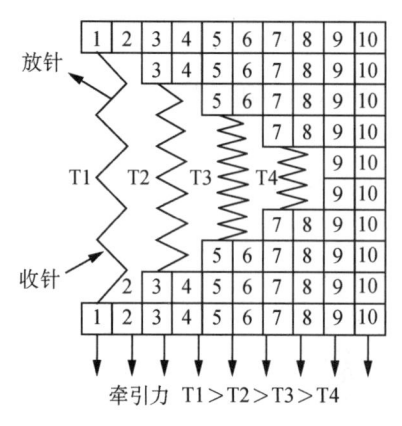

图 4-9　持圈收放针过程

图 4-10　压脚工作原理示意图

当进行持圈收放针时,某些针退出工作,但旧线圈仍握持在其针头上,此时由牵拉辊产生的牵拉张力将继续作用于这些针上,为了避免牵拉张力过大而使纱线断裂,采用压脚或握持沉降片控制线圈。压脚安装在机头上并随机头来回运动。编织时压脚刚好落在两个针床的栅状齿之间,并位于上升织针的针舌下面及旧线圈上面,如图 4-10 所示,能够阻止这些旧线圈跟随正在退圈的织针一起上升,从而达到牵拉织物的目的。由于压脚的作用,不用牵拉辊对织物进行牵拉也能实现正常编织,牵拉辊张力的去除使得旧线圈被握持在不工作织针上时,其余织针能够继续正常编织。

图 4-11(a)、(b)是罗马尼亚 Gheorghe Asachi 技术大学在 STOLL 横机上生产的立体针织物,图 4-11(c)是其收放针过程。4-12 是美国卡耐基梅隆大学基于电脑横机生产的三维动物针织物。

(a) 立体针织物1　　(b) 立体针织物2　　(c) 收放针过程

图 4-11　STOLL 横机上生产的立体针织物

图 4-12 美国卡耐基梅隆大学基于电脑横机生产的三维动物针织物

4.2.3 三维全成形针织物举例

运用收放针方法生产三维全成形织物时,收放针的依据是三维织物的二维展开图形。下面展示的是几种三维全成形织物的结构图、二维展开图形和实际织物。

1. 半球形针织物

为了编织一个半径为 R 的球形针织物,需首先将该球体展开为一个由多个相同形状构成的平面图形(图 4-13),然后根据式(4-1)建立编织横列数与参与工作针数之间的关系。

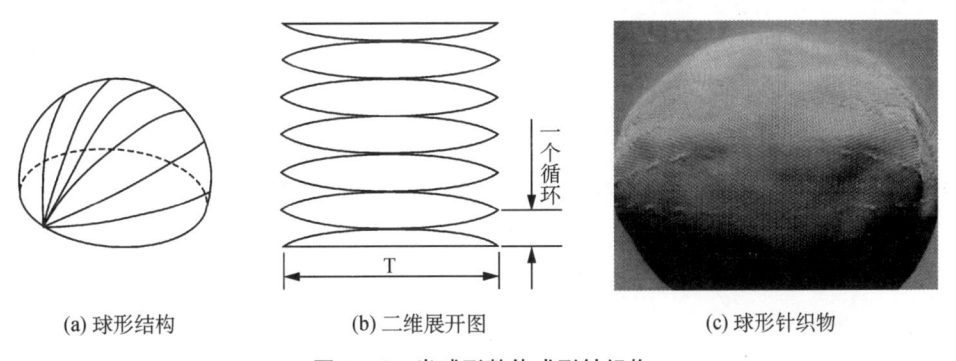

(a) 球形结构　　(b) 二维展开图　　(c) 球形针织物

图 4-13 半球形整体成形针织物

$$C_i = N\sqrt{1-\sin^2(\pi i/N)}/2\alpha M \tag{4-1}$$

式中,C_i——收针或放针时每一针应编织的横列数;

N——每一针床参加工作的总针数,根据球体直径的大小确定;

i——参加工作的织针数的变化(从 1 变化到 N);

M——展开成相同的图形数,即收放针过程的重复数;

α——线圈结构参数,圈高与圈距的比值,根据组织结构选定。

根据关系式(4-1)来确定收放针过程,即可编织成形状完全符合球形的针织物。编织时,可采用双面组织,在每一线圈横列中衬入纬纱,以增加球形针织物的尺寸稳定性。

2. 直角转向筒状针织物

筒状针织物是在横机两个针床的织针上交替编织而成的。编织时,如果两个针床参加工作的织针数目保持不变,只能得到直筒形针织物。如果在编织时根据需要改变两个针床参加工作的针数,则可以实现织物的转向结构。

图 4-14 所示的矩形截面直角连接针织物,其编织方法类似于针织袜的后跟的编织,前后针床分开编织形成筒形。为了形成直角转向,编织到 ac 线时,在 ab 和 cd 段持圈收针, ba' 和 dc' 段又持圈放针,结果形成四条与线圈呈 45°的收放针线,最终织物形成直角转向。

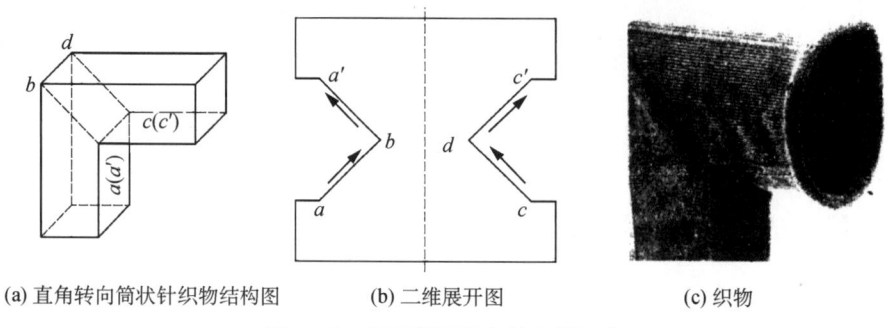

(a) 直角转向筒状针织物结构图　　(b) 二维展开图　　(c) 织物

图 4-14　矩形截面直角转向针织物

3. 圆弧转角的筒状针织物

图 4-15 所示的圆弧转角的筒状针织物,转角半径为 R。为了确定编织时收放针的过程,需要先根据要求把转向处分成 M 节相同的组成部分,然后展开成平面图形。其展开图形轮廓线就是收针或放针线,由方程(4-2)给定:

$$C_i = \frac{N[1-\cos(\pi i/N)]}{4\alpha M} \tag{4-2}$$

式中符号的含义与上面式(4-1)中的符号完全相同。

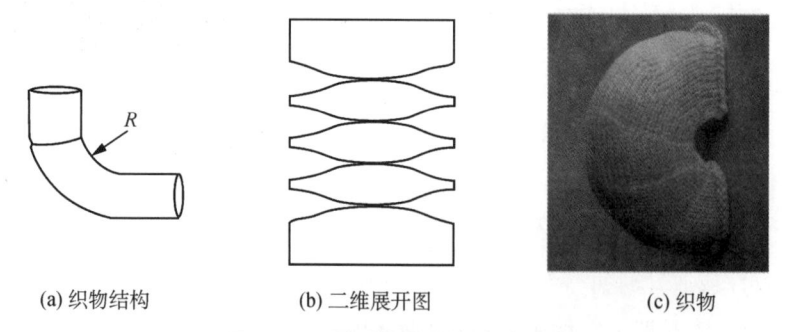

(a) 织物结构　　(b) 二维展开图　　(c) 织物

图 4-15　圆弧转角的筒状针织物

4. 圆锥型针织物

圆锥型针织物的编织方法有两种,一是采用明收针或放针的方法编织(图 4-16(a)),另一种是采用持圈收放针的方法沿织物侧向编织(图 4-16(b))。

图 4-17 是圆锥形结构针织物的立体图和平面展开图,式(4-3)是一个收放针循环中收针或放针阶段某根织针连续编织的横列数。

(a) 明针收放针方法生产的锥形针织物　　(b) 持圈收放针法侧向编织的锥形针织物

图 4-16　锥形结构针织物

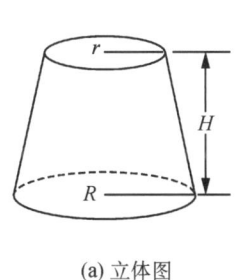

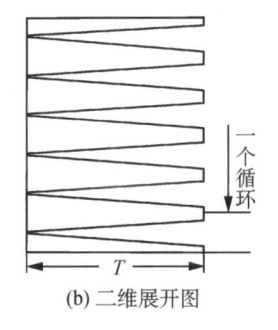

(a) 立体图　　(b) 二维展开图

图 4-17　圆锥型针织物

$$C_i = \frac{\pi P_b [R - i(R-r)/T]}{10N} + K \tag{4-3}$$

其中，C_i——第 i 枚织针在展开图的一个收放针循环中收针或放针阶段连续编织的横列数（其中，$i \in [1, T]$，C_i 取整数）；

P_b——织物的纵向密度（横列数/10 cm）；

R——圆锥大端半径（cm）；

r——圆锥小端半径（cm）；

T——单针床上参加工作的总针数；

K——修正系数。

4.2.4　基于横机的三维叠层针织物编织

三维叠层针织物又叫三明治结构织物，是由两个独立的表层织物通过中间的连接层而构成的（图 4-18）。表层织物可以是平针、提花等各种不同组织的织物，中间的连接层则可以是纱线连接层或是织物连接层。其中，纱线连接层主要是纱线通过集圈的方式与表层织物相连接，而织物层则是通过织物结构以垂直或倾斜等形式与表

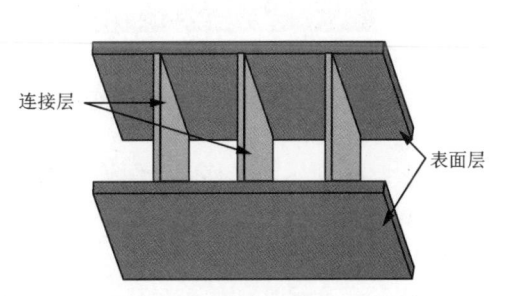

图 4-18　三维层叠针织物的原理

层织物相连接。

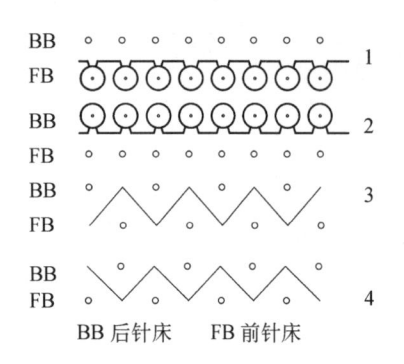

1. 交叉线连接间隔织物

如图 4-19 所示,前后两张针床上针织而成的两块独立的平针织物通过集圈弧线缝编连接在一起制成三维叠层结构,连接线的密度可以依据实际需要加以选择。上下表层织物之间的空间距离由两针床之间的距离而定,因此多数情况下是有限的。增大表层织物之间距离的一个有效方法是采用不同的织物层作为连接元素。

图 4-19 交叉线连接间隔针织物生产过程

交叉线连接间隔织物也称为双面织物,一般用来制作天鹅绒织物,因为由交叉线连接起来的三维叠层结构可被切割分成两块天鹅绒织物。

2. 织物层连接间隔织物

在针织横机上也能生产利用织物连接两层独立织物的三维织物。连接层与两层独立织物的方向可以是相互垂直的、倾斜的或其他形式的,分移圈针织连接和无移圈针织连接两种方式。图 4-20 给出了 U 形和 V 形连接的三维层叠针织物的结构图及实物图。

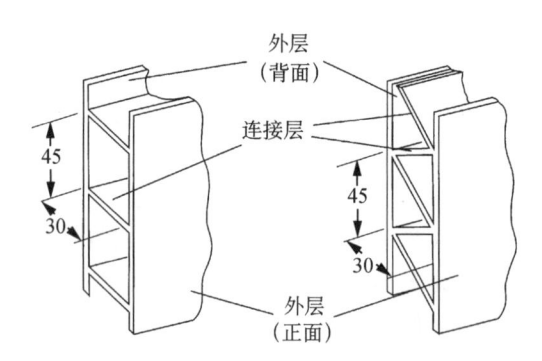

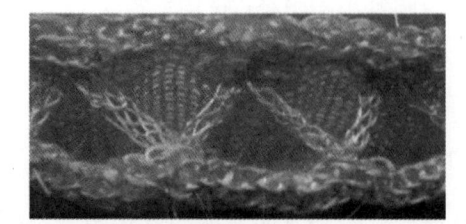

图 4-20 U 形和 V 形纬编三维层叠针织物

图 4-21 所示为无移圈针织连接的三维间隔织物编织图,具体过程如下:

第一步:前后针床轮流满针编织成形两块独立织物 F_1 和 F_2,所有织针都投入工作,织物长度根据需要而定;

第二步:前后针床轮流隔针编织连接物 L_1 和 L_2,织物长度取决于间隔织物的距离;

(a) 针织过程　　　(b) 织物成形步骤

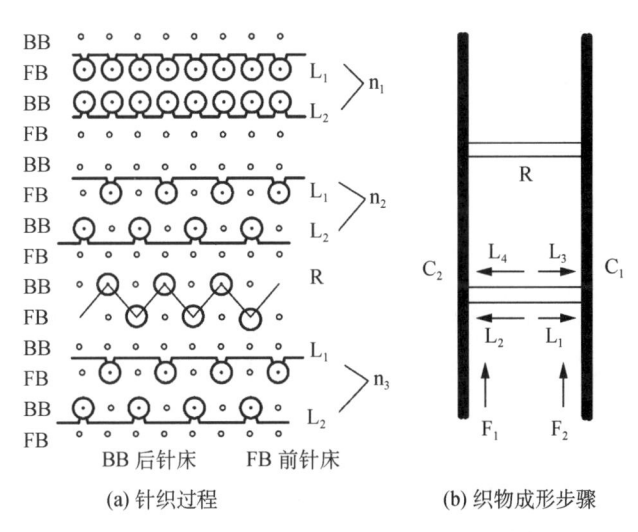

图 4-21　三维矩形芯结构无移圈生产技术

第三步：编织 1×1 线圈形成筋 R，用它连接 L_1 和 L_2；

第四步：编织连接织物 L_3 和 L_4 回到 C_1 和 C_2 点，以便继续进行下一次循环。织物长度分别与 L_1 和 L_2 相同。

这样获得的织物虽然有双连接层，但在连接点 C_1 和 C_2 处织物的强度较弱，因为这里只有一半的织针用于连接织物，用这些织针织成的织物两边的线圈纵向在这些点上被中断了。

有移圈的针织技术不仅可以用单一的连接层织造三维夹层织物，还可以编织织物的两边，并且线圈纵行在连接点处不中断。图 4-22 为带移圈织物层连接间隔针织物的编织图。其步骤如下：

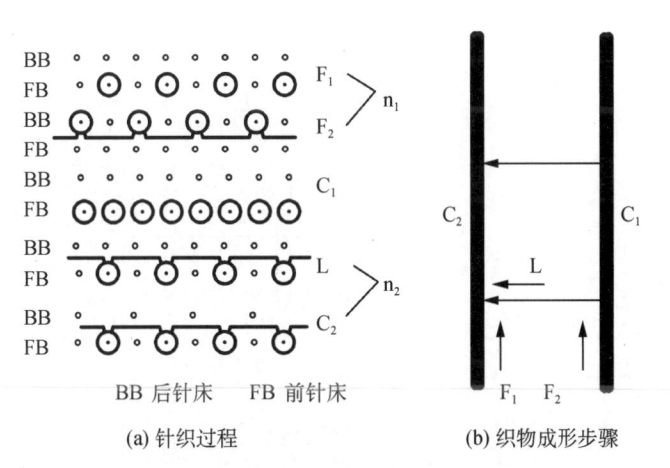

(a) 针织过程　　　(b) 织物成形步骤

图 4-22　三维矩形芯结构有移圈生产技术

第一步：前后针床轮流隔针编织形成两块独立的织物 F_1 和 F_2，用间隔针在两针床上编织，织物长度根据需要而定；

第二步：前针床满针成圈或集圈编织一行连接线圈 C_1；

第三步：用第一步前针床上未参与编织的织针编织连接织物层 L，长度等于需要的间隔距离；

第四步：将连接织物 L 的最后一行线圈移到后针床相应的针上。

4.3 经编立体织物

作为一种增强材料，横机生产的针织物在机械性能上有低抗张力和低模量的弊病，与其他纺织结构增强材料相比，横机织物在生产模塑性成形复合材料方面具有优势，而机织物和经编衬纬及多轴向经编织物在生产刚性增强骨架材料方面具有优势。

经编立体织物主要有多轴向经编立体织物和经编间隔立体织物。

4.3.1 多轴向经编立体织物

多轴向经编机主要包括编织系统和铺纬系统，铺纬系统是按一定规律将直线状态下的纬纱（又称衬纱）进行分层铺设，编织系统则是将前面铺设好的衬纱捆绑成形，即利用经编线圈将伸直状态的衬纱（通常是多层）约束在一起，将各层衬纱连接成一个整体。通常使用的衬纱角度为 0°、90°和±45°，根据衬纱的角度不同，有单轴向、双轴向和多轴向经编织物之分。如衬纱角度为 90°或 0°，称为单轴向经编织物；如衬纱角度为 90°和 0°，称为双轴向经编织物；若衬纱角度为±45°衬纱与 0°或 90°结合，则形成三轴向经编织物；如果 0°、90°和±45°四个方向都有衬纱，就是四轴向经编织物。编织纱（及绑缚系统）的组织通常采用编链、经平或变化经平（编链＋经平）方式。图 4-23～图 4-25 分别是各种轴向经编织物示意图。

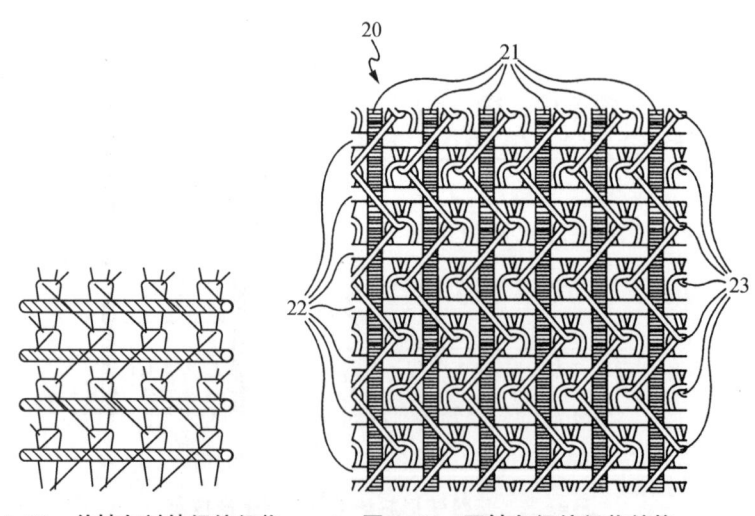

图 4-23 单轴向衬纬经编织物　　图 4-24 双轴向经编织物结构

单轴向衬纬经编织物是指织物的经向（0°）或纬向（90°）衬入不成圈的平行直线（图 4-23），如衬入碳纤纱或芳纶纱。这种织物被用于建筑或工程上的柱、桥工程等的修复加固或烟囱的加固。

图 4-25 四轴向经编立体织物

在双轴向衬纱经编织物中(图 2-24),经纱(0°)和纬纱(90°)都有衬纱,可使纱线的潜能得到充分利用。高强度涤纶、玻纤、芳纶、碳纤均可用作双轴向织物的衬纱,该类织物主要用于涂层织物、灯箱广告布及土工合成材料,如土工格栅布等建筑领域。

多轴向经编物具有稳定性好、纱线强度利用率高的优点,但目前能够实现商业化生产的织物中衬纱只限于四层,制品的厚度受到很大限制。因此,出现了缝编型多轴向衬纱织物,它可铺放 6 层或 6 层以上的纱线,成品厚度可大大提高。

轴向经编织物是在具有衬纱功能的经编机上生产的,又称作多轴向经编机,其在结构上与传统的经编机略有不同,除了编织系统和控制系统之外,增加了铺纱系统。铺纱系统主要由铺纬装置、供纱装置和衬纤维网装置组成。图 4-26 为 Liba 多轴向经编机示意图,铺纬装置主要由铺纬滑轨 4、铺纬小车 8 和传送链 11 组成,供纱装置主要由衬纱筒子架 1、衬纱筒 3、衬纱 2 和经纱 6 组成,纤维网铺设装置 10 提供纤维网 9;编织系统主要由成圈装置 5、送经装置 6 和牵拉卷取装置 7 组成。图 4-27 为铺纱系统示意图。

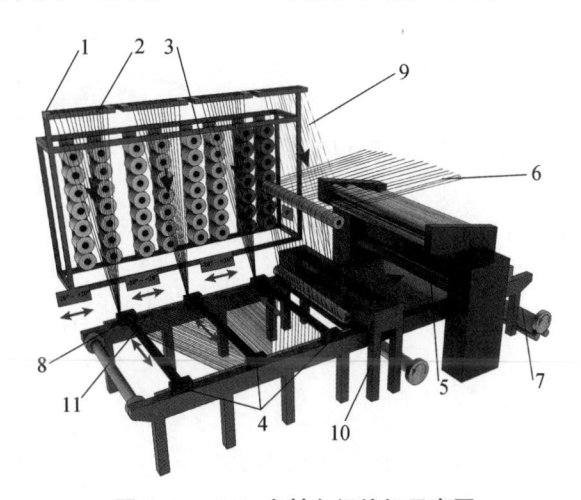

图 4-26 Liba 多轴向经编机示意图

1—衬纱筒子架;2—衬纱;3—衬纱筒;4—铺纬滑轨;5—成圈装置;6—经纱
7—牵拉卷取装置;8—铺纬小车;9—纤维网;10—纤维网铺设装置;11—传送链

多轴向经编机工作时，衬纱 2 从纱筒 3 引出，被送到伺服电机驱动的铺纬小车 8 上，铺纬小车将纬纱按一定角度垫入传送链 11 的沟槽内并由传送链送到编织区域，与经纱 6 和捆绑纱等一起由成圈装置 5 进行编织，形成多轴向经编织物。织好的织物随传送链 11 继续向前运动，安置在机器两侧的裁布刀将已经编织好的织物和传送链分离，卷取装置 7 将织物卷绕到布辊上。

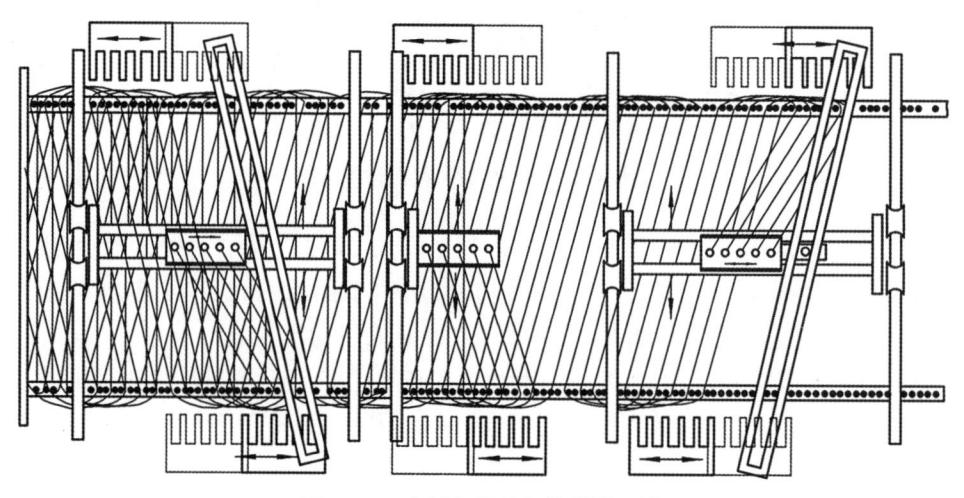

图 4-27 多轴向经编机的铺纱系统

图 4-28 为多轴向经编机成圈系统示意图，由槽针 1、针芯 2、沉降片 3、导纱梳栉 5、衬经梳栉 6 构成。槽针 1 采用尖头槽针，便于穿刺织物，槽针以单针形式直接插在针床上，损坏后可以单独调换。针芯 2 根据机器的机号设计成座片，这些座片插在针芯床的导槽中，用弹簧板夹持；针芯在槽内做作相对滑动，与槽针相配合，用以关闭针口。沉降片 3 与一般经编机的沉降片不同，多轴向经编机中的沉降片 3 固定不动，不仅对旧线圈起握持作用，同时还对纱线层 4 起握持和导向作用。多轴向经编机没有专门的脱圈机构，依靠纱线层 4 实现纱线的套圈和脱圈。导纱梳栉 5 用来引导垫纱运动。

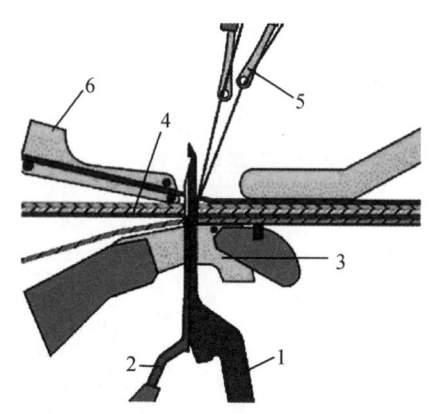

图 4-28 Liba 多轴向经编机成圈系统
1—槽针；2—针芯；3—沉降片；4—纱线层；
5—导纱梳栉；6—衬经梳栉

4.3.2 经编间隔织物

双针床经编机是生产经编间隔立体织物的主要设备。双针床经编机前后两针床上织针配置方式有两种。最早使用的是前后两针床的织针相间配置，这种方式不利于梳栉摆动，目前已淘汰；目前常用的是前后两针床的织针相对配置，如图 4-29 所示。

双针床经编机几乎是对称的，在两个针床的上方配置一套梳栉，前后两针床各相应配置一块栅状脱圈板（又称针槽板）和一个沉降片床。习惯上靠近挡车工一侧称为机器的前方，另一侧为后方。

普通双针床经编机工作时,两个针床轮流进行编织,每一个针床的成圈过程如图4-30所示。成圈循环开始时,前针床舌针上升,将旧线圈退至针杆,前沉降片处于最后位置握持旧线圈,导纱针摆向前针床前面进行垫纱(图4-30(a));然后前针床下降完成带纱、闭合、套圈、脱圈和成圈运动(图4-30(b)),导纱针在舌针下降到脱圈位置时进行针背横移,然后再次摆向机前,以便空出位置让后针床上升编织,前沉降片配合导纱针后退,后沉降片前移准备握持后针床的旧线圈(图4-30(c));后针床的成圈过程与前针床相同,如图4-30(c)、(d)所示。因为导纱针带动纱线在前后针床之间间隔参与编织,因此形成了将前后两层织物连接起来的间隔结构(图4-31)。

图4-29 双针床经编机

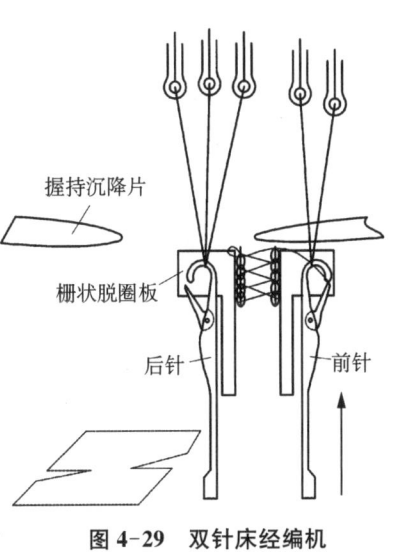

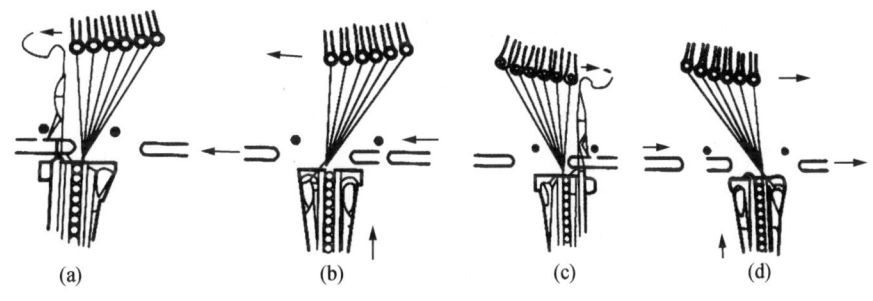

图4-30 双针床经编机的成圈过程

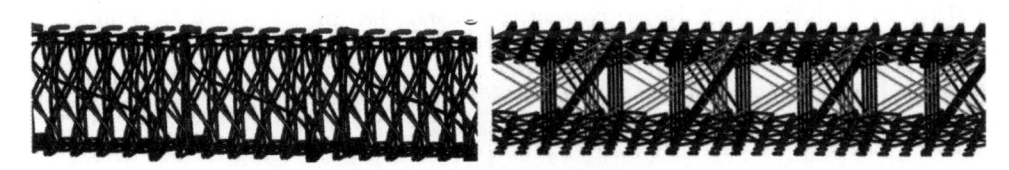

图4-31 经编间隔织物模型

在传统设备上可生产的间隔织物的隔距在0.3~65.0 mm之间。成品厚度在150 mm以上的间隔织物被称为超大隔距经编间隔织物,也称经编3D结构织物或拉丝布,是在织造完成后进行充气,间隔纱(丝)被撑开后形成的,其隔距能在150~650 mm之间变化,可在更大范围内满足不同织物的厚度要求。超大隔距经编间隔织物在传统经编间隔织物的性能基础上,强化了回弹性、抗压性、抗震性、吸声隔声性、保暖性、透气透湿性及过滤性,其在农业、防护、医用等领域有着极其广泛的应用,它还是制备军用浮桥、气垫船、无支架帐篷等的理想材料。

本章参考文献

[1] 龙海如,秦志刚.针织工艺学[M].上海:东华大学出版社,2017.

[2] 沈雷.针织工艺学(经编分册)[M].北京:中国纺织出版社,2000.

[3] 许吕崧,龙海如. 针织工艺与设备[M]. 北京:中国纺织出版社,1999.

[4] 周荣星,冯勋伟.横机三维编织技术及其产业应用[J].产业用纺织品,2000,8(18):6-9.

[5] 胡红,龙海如.利用电脑横机生产三维成形产业用针织物[J].中国纺织大学学报,1997(2):50-55.

[6] 王群.三维全成形产业用针织物的编织工艺与性能研究[D].上海:东华大学,2016.

[7] 韦艳华.三维纬编针织物编织工艺的研究及其CAD系统的开发[D].天津:天津工业大学,2000.

[8] 蒋高明.针织学[M]. 北京:中国纺织出版社,2012.

[9] NARAYANAN V, et al. Automatic machine knitting of 3D meshes. ACM Transactions on Graphics, 2018,37(3):35.

[10] PENCIUC M,BLAGA M,CIOBANU R. Principle of creating 3d effects on knitted fabrics developed on electronic flat knitting machines. http://www.tex.tuiasi.ro/BIP/4_2010/15-22_2_Penciuc_.pdf.

[11] TORUN A R, et al. Spacer fabrics from hybrid yarnwith fabric structures as spacer. 16th International Conference on Composite Materials,2007.

[12] UNDERWOOD J. The design of 3D shape knitted preforms[D]. School of Fashion and Textiles Design and Social Context Protfolio RMIT University, 2009.

[13] IONESI D, et al. Three-dimensional knitted fabricwith technical destination. Bul Inst Polit Iași, 2010:29-37.

[14] HONG H, FILHO A A, FANGUEIRO R, et al. The development of 3D shaped knitted fabrics for technical purpose on a flat knitting machine[J]. Indian Journal of Fibre & Textile Research, 1994, 19(9):189-194.

[15] 张传德,龙海如.三维针织物在电脑横机上的编织工艺探讨[J].山东纺织科技,2003(1):15-18.

[16] 胡红.产业用三维针织物[J].产业用纺织品,1998(4):43-45.

[17] RENKENS W, KYOSEV Y. Geometry modelling of warp knitted fabrics with 3D form[J]. Textile Research Journal,2010,12(4):437-443.

[18] 蒋高明.现代经编产品设计与工艺[M]. 北京:中国纺织出版社,2001.

[19] 蒋高明.现代经编工艺与设备[M]. 北京:中国纺织出版社,2002.

第五章
立体织物的其他成形方法简介

5.1 多轴向非织造立体织物

图 5-1 显示的是四种具有三维结构的多轴向非织造立体织物。这种织物中,纱线之间没有形成交织,故没有经过弯折破坏。图 5-1(a)所示的极坐标形式的非织造立体织物,有三组纱线,分别是轴向纱、径向纱和周向纱,径向纱线沿圆柱体径向插入芯轴,轴向纱与芯轴的轴线平行放置,周向纱线沿圆周以一定的螺旋角进行缠绕。由于三组纱线间没有交织,因此预制体的整体性不好,纱线必须预浸,而且整个结构必须在芯轴上固化后再从芯模上取下。这种方式生产的立体织物中,纤维含量在 50% 左右,适合作圆柱管的管壁、圆柱体、圆锥体或变截面柱状织物。

(a) 极坐标结构立体织物　(b) 三向正交结构立体织物　(c) 4轴向立体织物　(d) 5轴向立体织物

图 5-1　具有三维结构的立体机织物组织结构

图 5-2 是 Fukuta 三向正交结构立体织物的生产设备示意图。立体织物 1 的前端固定在前框架 2 的网格上,经纱穿过钢筘 4、后梁 3 的导纱孔和尾架 6 的导纱孔,最后连接到重锤 7 上,重锤的作用是保持经纱具有恒定的张力。前后框架固定在机架 8 上,中间框架 9 在织造过程中由丝杠 10 传动,沿轨道 11 逐渐向后移动。打纬机构、竖直方向的双向引纬机构以及勾边机构都固定在中间框架 12 上。

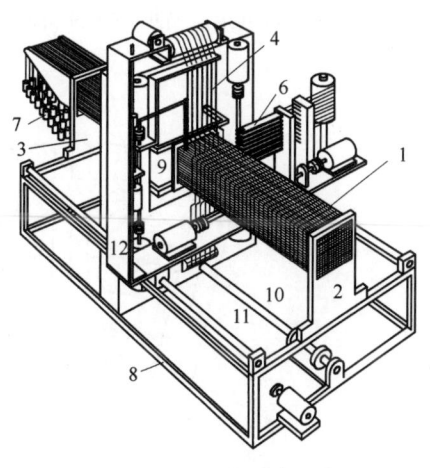

该织机水平方向纬纱的引纬原理见图 5-3,钢筘 1 上均匀分布若干孔眼,经纱 y 依次穿过这些孔眼并自然分成行和列。引纬杆 7 有多个,分别与各自对应的上下层经纱所构成的梭口对正,引纬时,每个纬纱杆携带一根纬纱 x 进入两层经纱之间,呈双纬形式引纬,当引纬杆到达对侧布边时,引纬管 4 将边纱引入到各层纬纱

图 5-2　Fukuta 三向正交织造

头端的纱圈内,因此引纬杆返回时,边纱针握持着纬纱圈而在每个梭口中留下双纬。

竖直方向的纬纱分成两组,分别由上下引纬管 4 和 5 引入(图 5-3a),当上引纬管 4 携带纬纱 z 下降、下引纬管 5 携带纬纱 z' 上升并穿过织物到达对侧边缘后保持静止,等待水平方向引纬器 7 将纬纱完成引纬动作并退出织口,然后上下引纬管 4、5 退回到起始位置。此时,钢筘前移完成打纬。

x 向和 z 向纱之间以及他们与 y 向纱之间也没有任何交织。

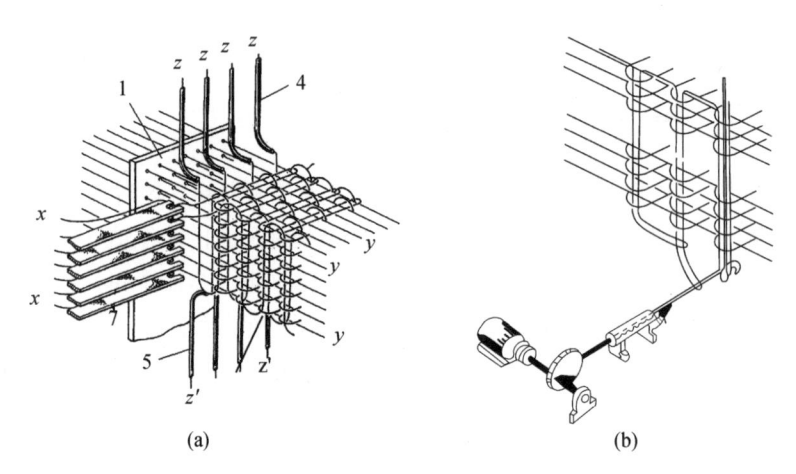

图 5-3 正交结构立体织物的生产原理

5.2 全自动织造(Auto weave)

"全自动织造"技术是一种生产管状织物技术,织物结构如图 5-4 所示,由相互呈正交状态的轴向纱 1、周向纱 2 和径向棒 3 组成。其主要采用在酚醛泡沫塑料 5 上预先植入径向棒 3,径向棒按单头等螺距沿螺旋线排列,然后逐层沿轴向铺设轴向纱 1 和缠绕周向纱 2,如图 5-4(b)所示。

轴向纱的引入如图 5-5 所示,从筒子 2 上退绕下来的轴向纱 1 由引纬器 3 引入径向棒形成的梯形通道内。轴向纱的头端固定在塑料芯盘片 4 上。当引纬器移动到两端时,步进

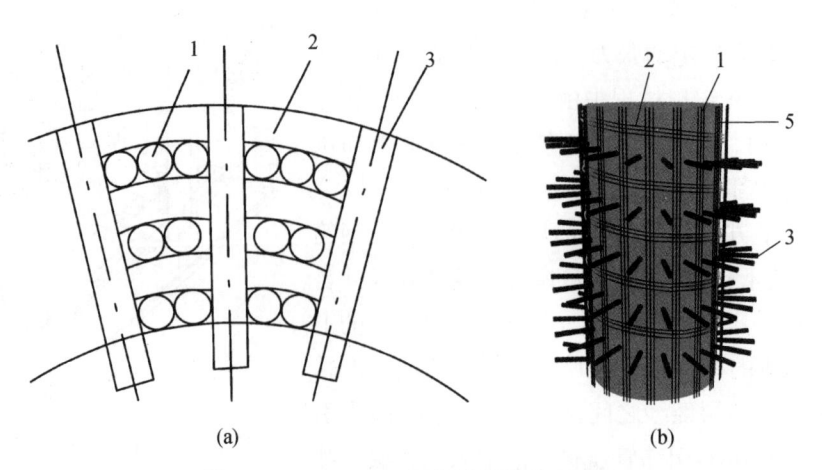

图 5-4 Auto weave 织物结构及生产原理

电机 5 转动塑料芯模转过一定角度（应等于径向棒在圆周的分布角度），同时，轴向纱绕在两端凸头上，然后引纬器将轴向纱引入下一个通道。

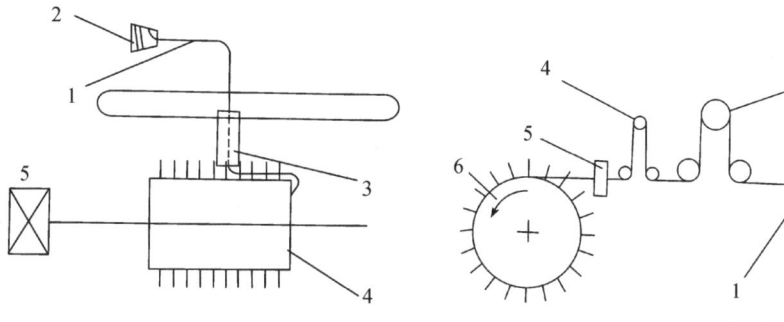

图 5-5　Auto weave 轴向纱引入原理图

图 5-6　Auto weave 周向纱引入原理图

周向纱的引入如图 5-6 所示，周向纱 1 从筒子 2 上退绕下来，经过张力器 3、张力传感器 4 及导纱器 5 引入径向棒形成的螺旋形通道内。周向纱引入时，芯棒 6 作旋转运动，导纱器作轴向运动，且芯棒旋转一周，导纱器移动一个螺距。

5.3　管状五轴向立体织物

图 5-7 是一种管状五轴向织物结构，由径向纱 1、轴向纱 2、周向纱 3 以及与轴向呈±夹角的斜向纱 4 组成。

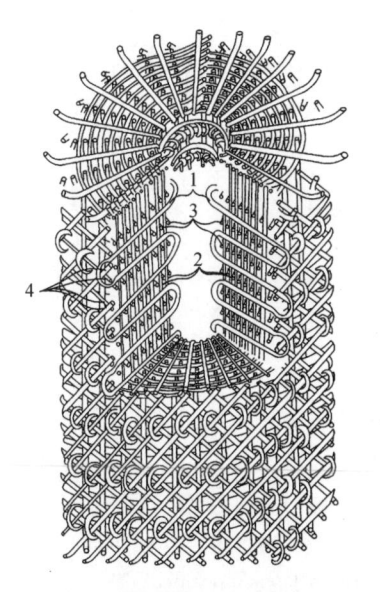

图 5-7　管状五轴向立体织物结构

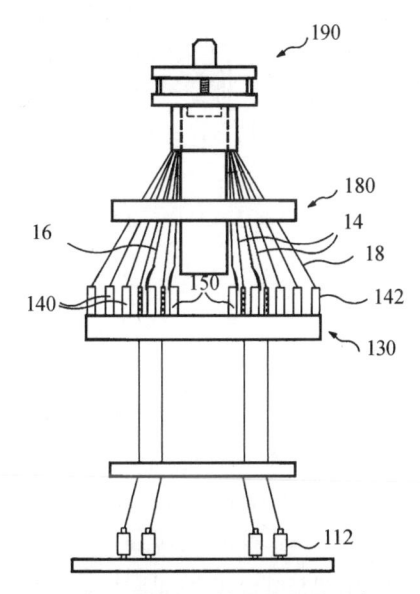

图 5-8　管状五轴向立体织物织造设备原理图

图 5-8 是生产上述管状五轴向立体织物的设备原理图，属于圆形织造方法。径向纱 18 由携纱器 142 携带、周向纱 16 来自携纱器 150，±斜向纱则引于携纱器 140，而轴向纱 14 则从卷装 112 上引出，且穿过载纱床 130 上的导纱管。

如图 5-9 所示，载纱床上分布有同心圆环 134，或称载纱环，在环中的符号 $B_{+1} \sim B_{+6}$、$B_{-1} \sim B_{-6}$ 分别代表±斜向纱，O 代表轴向纱，$C_1 \sim C_6$ 分别代表周向纱，$R_1 \sim R_6$ 分别代表径向纱。载有+/-斜向纱和周向纱的载纱环各自可作独立的回转运动，径向纱载纱器可沿载纱床半径方向的轨道作往复运动。在每一个织造循环里，+/-斜向纱转过一个载纱器间距，且回转方向相反，因而斜向纱与周向纱形成一定的夹角；周向纱载纱环回转一周，各载纱器在不同半径的经纱层中引入一圈纬纱；然后，奇数径向纱的载纱器沿半径由圆管外侧运动到内侧，同时偶数径向纱载纱器沿半径由圆管内侧运动到外侧，完成径向纱的引入。图 5-8 中的钢筘 180 随后进行打纬，卷取机构 190 将织物引离织口，从而完成一个织造循环。在下一个织造循环中，除了径向纱载纱器沿原路返回之外，其他载纱器的运动完全相同。

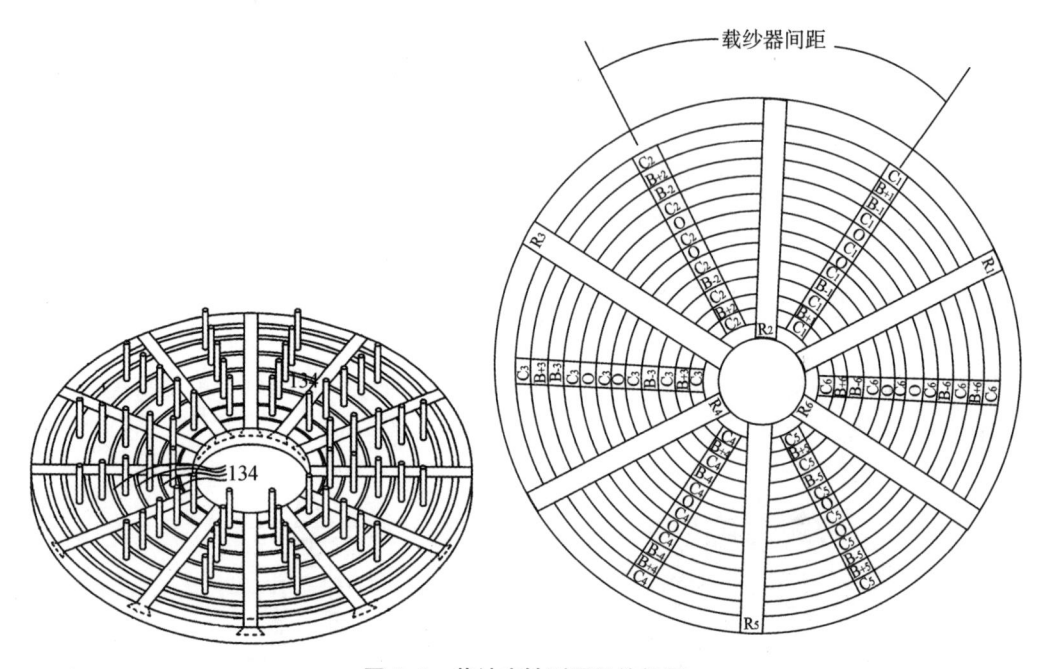

图 5-9　载纱床轴测图及俯视图

本章参考文献

[1] 道德锟，吴以心，李兴国. 立体织物与复合材料[M]. 上海：中国纺织大学出版社，1998.
[2] 郭兴峰. 三维机织物[M]. 北京：中国纺织出版社，2016.
[3] MORGAN P. Carbon fibers composites[M]. Taylor & Francis Group，2005.
[4] BADAWI S. Development of the weaving machine and 3d woven spacer fabric structures for lightweight composites materials[D]. Technischen Universität Dresden，2007.
[5] FUKUTA K, et al. Three-dimensional fabric, and method and loom construction for the production thereof：US 3834424[P]. 1974-9-10.
[6] BILISIK A K, RALEIGH N C. Multiaxial three-dimensional (3-D) circular woven fabric：US 6129122[P]. 2000-10-10.